JN271502

耕さず、肥料、農薬を用いず、草や虫を敵としない……

自然農の米づくり

Kawaguchi Yoshikazu
川口由一監修
Ohue Kumi
大植久美
Yoshimura Masao
吉村優男

創森社

妙なる田んぼの証し ～監修の辞～

食の中心となるお米の一生は格別です。幼い若葉は天に向かって凛とし、朝露置いて朝陽に輝く開花、交配は神々しい美しさの極みの姿を現し、黄金色に実る稲穂は厳《おごそ》かなるいのちの豊かな姿を現す。このようなお米を自然農で育てるための誘《いざな》い書『自然農の米づくり』が世に出されました。すでに『自然農の野菜づくり』、『自然農の果物づくり』が出されており、まさに三部作としての完成です。

二十一世紀に入って、はや十数年が過ぎました。価値の転換、そして持続可能な社会に向けて真の答えを出すことが重要な課題、と多くの人々が認識している現代。持続可能な農を具体的に示し、その心をも説く自然農の書籍を世に出してくださった版元の創森社、日頃の取り組みをもとに実証的に著すことができた大植久美《くみ》さん、吉村優男《まさお》さんの実践、さらに赤目自然農塾の指導スタッフ（世話役）の適切な力添えがあって、ここに完成しました。本当にありがたい。この時代になんともうれしい。

こうして『自然農の米づくり』が世に出たのは農耕一万年の歴史における革命であり、文字で示される静かなる裏革命です。革命は表に出ては成就しない。裏から徐々に浸透して人々の意識は変革するものです。是非に多くの人々が手にしてほしい。多くの人々の心に届いてほしい。

人類は物質文明に囚《とら》われ、かならずしも正しい生き方を模索しているとはいえません。自然に添うことなく、さらなる経済発展を求めようとするのは人間の分《ぶん》を悟らぬもので、滅亡へのひた走りです。私たちは妙なる田畑にて自然に寄り添い、心豊かに生きていくための手がかりをつかんでいかないと取り返しのつかないことになります。

２０１３年　田植えの季節に

川口 由一

一粒の種が宿すいのち～序に代えて～

一粒の種を蒔《ま》く……。
時空をへて、今ここに出逢う……。
種と大地……。

春、冬にしずまり内に蓄えていた力をほどきゆく季《とき》……。
秋に収穫していたお米の種籾をそっと手のひらにのせてみると、一粒の種に宿っている尊きいのちを感じます。山々が薄紅色に染まり、やさしい彩りにつつまれる頃、大地に種を降ろします。木々草々が萌えいづる春の営みのなかで、新たないのちは天に向かってまっすぐに芽を伸ばしはじめます。やがて新緑深まる初夏の風を受けて、すくすくと育っていきます。

梅雨、いのち潤す水の恵みを受けて、幼い苗も独り立ちの時を迎えます。広い大地に一本一本心を込めて苗を植えていきます。雨の恵みと夏の輝く太陽の日差しを一身に浴びて、たくましく育っていきます。盛夏を過ぎると、清楚で可憐な花を咲かせ、神々しい営みのなか、次のいのちを宿します。収斂《しゅうれん》結実する秋の気を受けて、豊かに実り、稲穂は頭を垂れて黄金色に輝きます。霜が降りる頃、茎葉は枯れ、稲はいのちを全うして終焉へ向かいます。

すべてのいのちは、天より授かった尊き神性を秘め、自らのいのちを全うする力を宿して生まれてきます。自然界の大いなる恵みは、あまねくすべてのいのちにふりそそいでいます。生かされるなかで生き、生かすなかで生き、すべてが一体となった営みのなか、それぞれのいのちはわがいのちを美しく輝かせながら生きています。

自然農では、作物に宿った尊きいのちが十全に開花して育っていけるように、田畑を整え、余計なことはせず、必要なことを適期に的確におこなっていきます。作物は、太陽や雨、風、草々や小動物、過去に生きていた亡骸《なきがら》からも恵みを受けて育っていきます。

耕さず、肥料や農薬は用いず、草や虫を敵とせず、稲は大地に生きる他のいのちとともに育っていきます。自然界の恵みを受けて、稲の内に宿る生命の力が自ら発露していくのです。畔には大豆を植え、裏作に麦や野菜を育て、いのちは巡っていきます。

一粒の種から育った作物は、天地自然界の大いなる恵みをそのままに宿しています。健康な作物は、人のいのちを養い清め、生きる力を生み出し、健やかな心身へと導いてくれます。

作物を育てるにおいては、大型機械を用いることなく、天より人に与えられた心と身体を自然界に解き放し、知恵と能力を働かせて、起こってくることごとに的確に応じていきます。自然界と一体となった呼吸、理にかなった身体の動かし方を身につけ、意識を深く宇宙の理《ことわり》に通じ合わせ、生きる喜び、生かされる喜びを味わい深めていきます。

豊かに実る稲穂とともに

自然農の稲作を通して、ともに健やかないのちをはぐくみ、ともに豊かな人生をつくりあげていくことができましたら、何よりの幸いです。

大植　久美

自然農の米づくり——もくじ

第1章　自然農の米づくりへの誘い　13

第2章　自然農の田んぼを整える　51

もくじ

◆夏の作業

◆秋の作業

◆冬の作業

◆主な用語解説 ＊本文、図表の注でも一部の用語を解説

畝（うね） 作物を栽培するために土を盛り上げているところ。畝をつくり、通気と排水を良くすることで、作物が健やかに育つ。自然農においては、水田においても畝をつくる。

条間（すじま） 作物を植えつけた列を条と言い、条と条の間を条間という。条の一株ごとの間を株間という。自然農の米づくりでは、条間は40㎝を基本とし、株間は品種や栽培地の気候、日当たりなどに応じて20～40㎝とする。

畔（あぜ） 田んぼと田んぼの境目で、通り道ともなるところ。

畔塗り 田植え時、水を溜めるために、田んぼの土を水で練り、畔の側面に塗りつけ、水が漏れないようにすること。

種降ろし 田畑に作物の種を蒔くこと。大地に降ろすことによって、種はいのちの営みを始める。品種によって、直接田畑に蒔くものと、苗を育ててから移植するものがある。

苗床（苗代 なわしろ**）** 苗を育てる場所。稲作では、苗床で苗を育ててから移植することが一般的である。移植のことを田植えという。稲の苗床を苗代ともいう。苗床をつくらず、田んぼに直接種籾を降ろすことを直播きという。

分けつ 稲や麦が、根元から枝分かれして茎を増やすこと。分けつを終えると、一本一本の茎のなかで穂をつくり始める。

出穂（しゅっすい） 稲が茎の先から穂を出すこと。出穂の時期は、早生は早く、晩生は遅くなる。穂が出ると、開花交配が始まる。

稲木（いなき） 刈った稲を天日乾燥させるための横木（竿）と支え（足）。間伐材や竹などを利用する。地方によって呼び名が異なり、稲架（はさ）などともいう。

脱穀 稲刈り後、実った籾を茎から外すこと。自然農では、稲木にかけて天日乾燥させた後、足踏み脱穀機と唐箕などを用いて脱穀する。

籾（もみ） 殻をかぶっている稲の穀粒のこと。籾を種にする場合は、種籾という。籾から玄米にすることを籾すりという。

補い 生活しているなかから出てくる米ぬかや油かす（ナタネ）、小麦のふすま、野菜くずなどを、田畑に返して、その場の生き物たちの生命活動を補うこと。土地の状態や作物の性質に合わせて補うことが必要となる。

米ぬか 玄米を精白した時に出てくる果皮や胚芽の部分。ぬか漬けなどの食材として利用する。自然農では米ぬかを田畑の必要なところに返して、次のいのちに巡らせる。

慣行農法 収量をあげるために化学肥料を用い、草や虫を制するために農薬を用い、省力化のために大型機械を用いて作物を栽培する現代の一般的な農業の方法。

亡骸（なきがら）**の層** 耕さないことによって、大地の上に草や虫たちの死骸が積み重なってできた層のこと。森林の腐葉土に相当する。

自然農の妙なる田んぼ

いのちの巡り

ワラを返した冬季の田んぼ

田植え。１本の苗を植えつける

苗床をつくり、
種を降ろす

種籾の間隔を
均一にする

草をかぶせ
湿りを保つ

苗がたくましく生長

健やかに
育つ苗

身体づくり
を終え、穂
をつくり始
める

大いなる実りの季

開花交配

出穂の始まり

色とりどりの古代米。3列の左・緑米（糯米）、中・赤米（粳米）、右・赤米（糯米）。三重県伊賀市（9月中旬）

収穫間近の畔豆（11月中旬）

上から
赤米（糯米）
緑米（糯米）
黒米（糯米）

麦秋の季節。鎌で穂を刈り取る（5月末）

黄金色に輝く稲穂

稲穂を垂れる
緑米

天地の恵みを一
身に受けて完熟

脱穀後、ふるい通しで籾を
落とし、ワラくず
などを取り除く

株元に鎌をあて、稲を刈り取る

籾を唐箕の漏斗部
分に入れ、ハンド
ルを回し、小さな
ゴミを飛ばす

きれいに
仕上がった
籾

稲木の足を配置し、竿をのせる

2：1に分けた
稲束を竿に掛
けていく

籾を紙袋な
どに入れ、
保管

共に生きるいのち

クモ類は昆虫を捕食する

草むらで見かけるショウリョウバッタの仲間

かつて食用にされたハネナガイナゴ

ヒシバッタの仲間。成虫で越冬

畔塗りの頃、田ウナギがお目見え

背中のイボイボが目立つツチガエル

畔で生育するノアザミ

畔や畑地で発生するヒルガオ

種子で繁殖するイヌタデ

畔や畑地に多いホトケノザ(上)と用水路脇などで目立つミゾソバ(下)

ムラサキツメクサ(アカツメクサ、上)とシロツメクサ(下)

畔道などで生育するコハコベの仲間

第1章

自然農の米づくりへの誘い

茎葉がたくましく生長し、出穂期を迎える

自然農の世界

自然の営みに寄り添う

空をゆく雲、風に揺られる稲穂、草々の足元から聞こえてくる虫たちの奏でる声……。

澄みわたる空のもと、今日もいのちは営み、絶妙の調和をなして展開していきます。いのちの世界は完全絶妙です。個々のいのちが生じ滅し、いのちの営みを重ねるなかで、過不足なく全体が調和し、巡っていきます。個々のいのちは、時を得て、機縁を得て誕生し、営みを重ね、役割を果たし、次のところへ運ばれていきます。いのちの世界に不要なものは何もありません。すべてのいのちの営みが、絶えざる一つの流れとなって調和に満ちた世界をつくっています。

いのちの世界に生まれた私たちは、いのちの世界に生きてゆくしかありません。他のすべての生物がそうであるように、人として、いのちのままに生きることで、人としての生を全うします。大きな安心です。

個々のいのちが生きるに必要なものは、自ずから用意されています。それらを受けいただき、いのちの流れに添って生きることで、生かされ、全うできるように自然界は営まれています。ところが私たちは、自然を忘れ、いのちを見失い、余計なことを重ね、混乱の日々に陥りがちです。

自然の営みから外れるということは、苦労が多く、悩みが深くなるということです。本来の道から外れるのですから、当然そうなります。自然の営みに添うことで、安らかで豊かな人生が展開していきます。自然の営みに寄り添い、いのちの声に耳を傾けること……。そこから、いのちの大いなる学びは始まります。

自然農の基本となる3原則

自然農とは、自然界の営みに添い、応じ任せる栽培方法です。自然に添うとは、いのちに添う、いのちの営みに添うという意味と同じです。

いのちが営むということは、生長していくということです。生長していくということは、変化していくということです。営み続け、変化し続けるのが、いのちの姿と

「自然の営みに添うのが本来」と川口さん

なります。

自然農は、自然に添い、いのちに添う農ですから、自ずから変化していく作物のいのちや、状況が変わっていく田畑、移りゆく季節、私たちをとりまくすべてに、いかに添い応じられるのかが大切になります。いのちに添い、応じ任せ、余計な手出しをしないのです。

いのちに添い応じ任せながら、栽培しているという認識も大切です。採集するのではなく、栽培するのですから、作物を育てるために、必要なことを的確におこなう必要があります。私たち人も自然界の一部です。人として役割を全うするなかで、宇宙の調和が保たれていきます。余計なことは一切せず、しかし必要なことを的確におこなうのです。

自然界の営みに添い、いのちの理《ことわり》に添う自然農は、人類の永続を約束してくれるあり方です。自然界に一切の問題を招かず、無駄なく、他のいのちとともに、人が人として健全に生を全うしてゆける生き方です。今日、問われている食物の安全性の問題、環境汚染、資源の問題、ゴミ問題、エネルギー問題、それらすべてを根本から解決していきます。

難しい方法・技術は何もありませんし、高価な機械や肥料、農薬もいりません。場所があり、少しの道具があれば誰にでもすぐに始めることができます。問題を招かず、石油や機械などに依存せず、豊かに生きていくあり方が、もとよりあるのですから救われます。

自然農の基本は、以下に記す「耕さない」「肥料・農薬を用いない」「草や虫を敵としない」の３原則に集約されます。それは基本的に、地球上のどこであっても変わりません。しかし、それらの原則に囚われてはいけません。

最も大切なことは、自然に添う、いのちに添うということです。必要があれば耕すし、必要に応じて、草を刈ったり虫を殺したりする場合もあります。米ぬかをまいたり、畦草《あぜくさ》を田畑に入れることもあります。答えはいつも、いのちに添い応じるうちにあります。いのちを見て、いのちに尋ね、いのちに学ぶ自然農です。

いのちに学ぶということは、私たちの生かされている天地宇宙、自然界について知るということ……。天地宇宙、自然界について知るということは、とりもなおさず、自分自身について知るということ……。

大いなる舞台に立ち、自然農の学びを深める皆様は、その歩みが、じつは自分自身を知る歩みに他ならないと気づいていくに違いありません。

「耕さない」ということ

自然農の基本の第一は、耕さないことです。なぜ耕さないのかというと、耕す必要がないからです。

大いなるいのちの営みを受け、地球の上では、たくさんのいのちが生命活動を重ねています。蝶が舞い、花が咲き、木々は息づき、動物は活動しています。土のなかには、数々の小動物、微生物、目に見えないさまざまないのちが生命活動をしています。すべては絶妙に営まれ、必要のないいのちはありません。食べて食べられて、生かし生かされて、豊かな世界をつくっています。

耕さない田んぼでは、草々や虫たち、数々のいのちが営みを盛んにしますから、場が活性化され、いのちが充実した田んぼになります。草々の根が地中に張り巡らされ、草々や虫たちの亡骸《なきがら》も重なって、土がフカフカとしてくるのです。

例えば、耕していない森の土は、柔らかくフカフカとしています。土の上に、木々の落葉や営みを終えた植物の亡骸が重なり、それを糧《かて》にして生きる小動物や微生物などが活動を活発にして、場が豊かになってゆくのです。耕さなければ、自ずから豊かな土壌となり、豊かな恵みを与えてくれる、いのちの舞台となるのです。

では、耕すとどうなるのでしょうか……。耕すということは、他の生きものが活動している舞台を壊し、その営みを分断してしまう行為です。

耕した直後は、土も軟らかいので根も張りやすく、目的の作物が養分を独占し、作物の姿が大きくなります。しかし、耕すことで、いのちの舞台を壊してしまい、結果的に場の力は低下し、2年目以降は肥料が必要となります。そして、いのちの営みを失った土は、カチカチに固くしまってしまい、耕し続けなければならなくなります。

また、耕していますと表土が露出し、風雨にさらされて、土が流出しやすくなります。結果、養分も失われますし、土が少なくなれば、田んぼの形を維持できなくなってしまいます。

自然農の田んぼは、耕しませんから、土の上を覆うように草々や虫たちの死体が重なっていきます。新しい死体が上へ上へと重なり層をなしてゆくのです。これを「亡骸《なきがら》の層」と呼んでいます。亡骸の層には、稲が育つために必要な養分がたくさん含まれていて、実際に稲の根の多くは、土ではなく、土の上にある亡骸の層にも根ざし、そこから必要な栄養分を吸い上げています。

森の土の断面

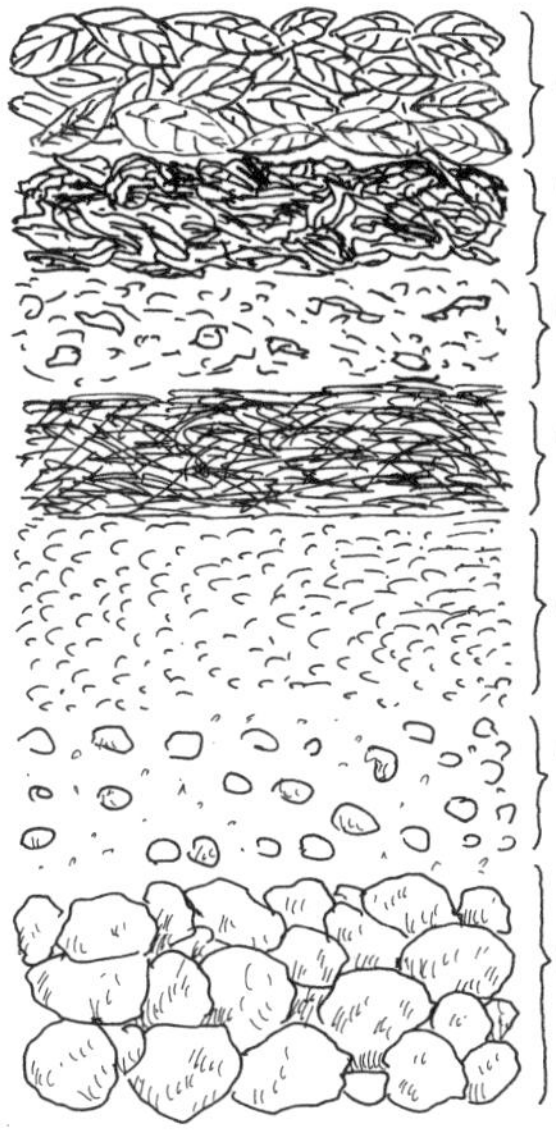
①乾いた落ち葉の層
②湿って腐りかけた葉の層
③腐ってボロボロになった葉の層
④養分の溶け込んだ黒い土
⑤褐色の柔らかな土
⑥崩れかかった岩石の層
⑦岩石の層

いのちの歴史が亡骸の層となり、今を生きる作物を十全にはぐくんでくれるのです。

過去のいのちが、今の私たちを生かしてくれていること……、過去のいのちが死んでいくところで、次のいのちが十全に育っていくこと……、現在を生きることが、自ずと未来のいのちを養っていくこと……。いのち本来のありようが、自然農の田んぼから見えてきます。

そうすると、自然農では、ほんの少しも耕してはいけないのだろうか、と心配になる方がおられるかもしれません。あるいは、耕さないことに囚われ、畝の修復作業などをためらわれるかもしれません。しかし、心配はいりません。いのちの営み豊かな自然農の田んぼは、回復能力にも優れていて、必要あって土を少し動かした場合にも、いのち自ずから速やかに、豊かないのちの舞台へと回復させてくれます。

耕さないことは、過去からのいのちを受けいただき、今日この日、ともに生きるいのちを大切にすることでもあります。

「肥料・農薬を用いない」ということ

いのちは巡りゆきます。川の水は海に注ぎ、水蒸気となって雲に化し、雲は雨となって地上のいのちを潤し、再び川に巡ります。

また、植物を食べた動物は、排泄物を落とし、排泄物を食べるいのちがそれを変化させ、再び植物の糧になっていきます。すべてのいのちは巡りゆき、変化し続けますが、なくなることはありません。絶妙のバランスをとりながら、巡りめぐっていきます。

●多くのいのちが場を豊かに

自然農の田んぼでは、草々虫たち、数々の小動物や微生物、多くのいのちが生死に巡り、場を豊かにしていますから、肥料を用いる必要がありません。巡りめぐるなかで、場は過不足なく整っていきます。

例えば、一枚の田畑で家族が生かされるとすれば、台所から出た生ゴミ、お米の籾殻や米ぬか、あるいは家族の大小便も田畑に巡らせるのが基本です。しかし、生ゴミや米ぬか、大小便などを田畑に返す時には、それなりの工夫が必要です。場所を選び、時を選び、休作地に返したり、やせている土地に返したり、養分を必要としている場所に返したりするのです。

その場合、これを肥料とは言わず、「補い」と呼んでいます。

肥料というのは、田んぼを耕し、場の力を低下させ、田畑を疲弊させるために必要になるものです。田んぼの場の力が失われているために、どこか他のところから栄養分を捻出し調達してこなければなりません。これが肥料です。自然農では、肥料を必要とはしません。巡りのなかですべてまかなえます。

そして、田畑が豊かになってくると、補いさえ必要としない場合があります。草々や虫たちが活動し、空気中から養分を集めたり、太陽からエネルギーを得たりしますので、補いをすると養分過多になってしまう場合があるのです。あるいは水田の場合、水が養分を運んできま

巡りのなかでまかなう補い

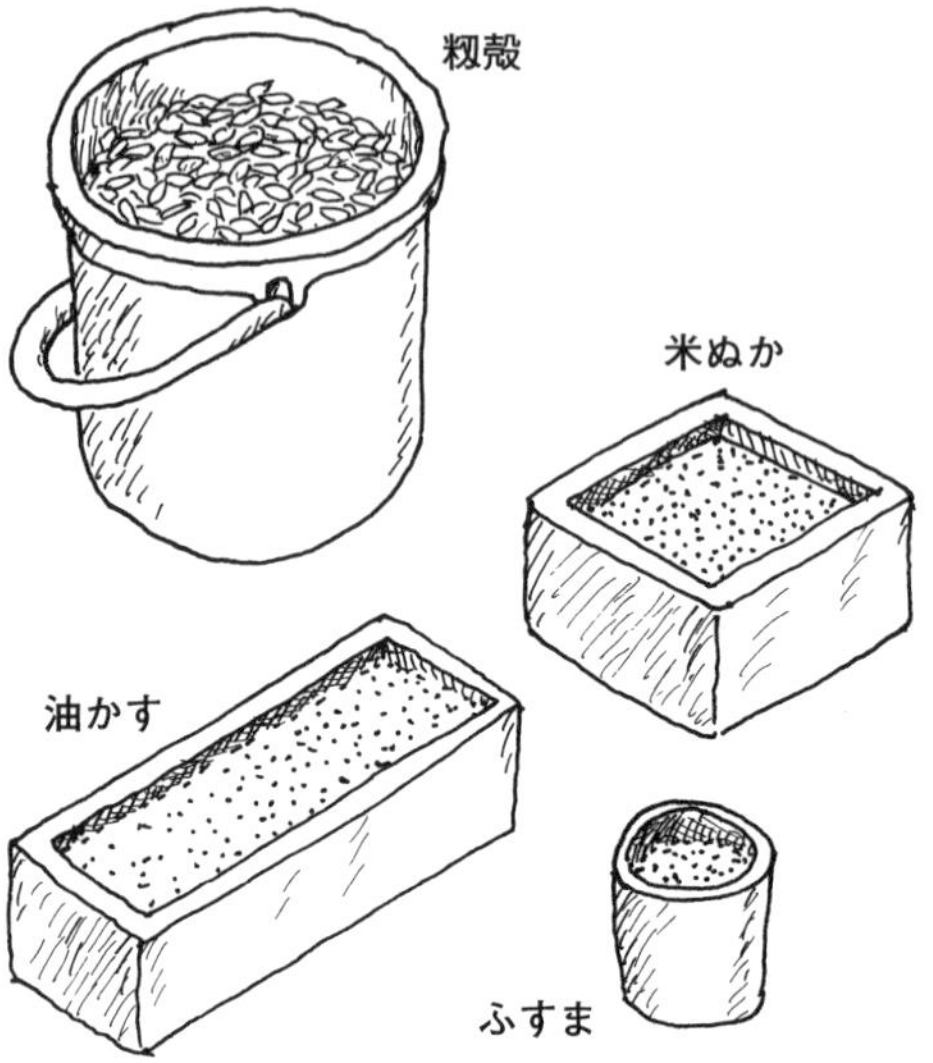

すから、田んぼが養分過多になることがあります。

家畜を飼う場合には、動物が必要とする餌を持ってきた場所に、大小便を返すのが基本です。自給自足の暮らしで、家畜の餌を自分の田畑で準備できる場合は、家畜の大小便も田畑に巡らせてあげればよい。田畑の状態を見ながら、必要なところに巡らせていきます。

大小便は不浄だという思想のもと、田畑に大小便を返さない考え方がありますが、人や家畜だけでなく、虫や小動物の大小便は、日々田畑に落とし続けられます。大小便は自然界にそのまま還元するのが最も理にかなっており、また、それ以外に捨てるところがありません。いのちの世界に外はないからです。

草々や虫たちの亡骸が重なった層（断面）

ニンジンなどが生育している自然農の畑

●いのちを損なう農薬

田んぼがバランスを崩し、病虫害が発生した場合にも農薬を使うことはしません。農薬が身体や環境に良くないことはもちろんですが、手間や費用もかかり無駄が多いこと、さらには問題の根本解決に至らないからでもあります。

いのちを養う農において、いのちを損なう農薬が用いられることは、大変に残念なことです。自然農薬も研究されていますが、基本は、病虫害が発生しないような作物の育て方、対応の仕方を見出すことです。

また、コンパニオンプランツ（共栄作物。害虫駆除などのため、２種類以上の作物を組み合わせる）などで病虫害に対応する考え方もあり、それなりの効果を発揮することがありますが、自然界の営みは複雑で深遠ですから、狭い範囲の相性だけに囚われると、全体を見失い、かえってマイナスになることがあります。

「草や虫を敵としない」ということ

自然界には、不必要なものが一切ありません。すべてに意味があり、必要があり、働きがあります。すべてのいのちは、絶妙の調和のなかで、一体となって生きています。元来、害虫という虫はいません。益虫という虫もいません。過去からの流れ、あるいは現在の田畑の状態にふさわしい草々や虫たちが誕生してくるのです。

自然農の田んぼには、さまざまな草々や虫たちが生きていますから、一つの虫や草が場を占領し、存在し続けることはありません。生えてくる草の様子、生き物の様子は年々変わっていきます。もし突然に虫が大量発生する場合は、田畑が大きくバランスをくずしているゆえに、虫がそれを是正するためだと考えられます。例えば、養分が過剰な土地の場合は、虫が大量に発生し、作物や草を食べてくれることで場が浄化されていきます。

●虫も草も敵ではない

虫たちは、敵ではありません。問題として現れてくる場合には、起こっている現象に手を出すのではなく、根本を問い直すことが基本です。根本を正せば、現象は自ずから治まっていきます。仮に、何らかの問題で虫が多発し、作物が負けそうな場合は、虫を殺し、退治してもかまいません。しかし多くの場合、それでは及びません。問題の根本原因が解決されていないからです。何かの不具合が根本にあるはずです。それを見極めなければなりません。

草もまた、敵ではありません。栽培ですから、目的の作物が草の勢いに負けそうな場合には、草の生長を抑えますが、必要以上に刈る必要はありません。草もまた、意味があって誕生し、働きがあって存在しているいのちです。自然界のなかで、私一人が生きられるものではありません。稲もまた、他のいのちとともに生きるのが本来です。作物の周りに草々があることで、例えば、風雨から守られたり、暑さ寒さから守られたり、乾燥から守られたり、虫害から守られたり、あるいは養分過多から守られたりします。

草を刈る場合も、刈った草はその場に寝かせるのが基本です。土を裸にせず、太陽の日射しにさらさないことで、乾燥から守られると同時に、虫や微生物などが営みを活発にして、豊かな場がはぐくまれていきます。

田んぼに稲以外の草々が生えていると、栄養分を吸い取られ、稲の生長が阻害されるように感じるかもしれません。しかし、それは近視眼的な見方です。草々は、日光を受け、空気中から栄養分を集めて身体をつくり、結果的に土の上に横たわることで、他のいのちの栄養分となります。つまり、草々は場を豊かにし、稲を養ってくれるのです。

また、草があることで、虫たちの食料も確保されますので、全体のバランスにも重要な役割を果たしてくれて

草をかぶせることで湿りが保たれ、いのちの営みが活発になる

刈った草はその場に敷いておく

ガの仲間（11月初旬）

います。稲の大敵であると言われるウンカという虫は、自然農の田んぼにもたくさんいますが、稲以外の草々についている姿を見ることがあります。

もし草々がなければ、稲を食べるしかないのでしょう。稲の葉が、多少食べられることはあっても、バランスのとれている自然農の田んぼでは、大きな被害になることはありません。虫たちが活動し、糞尿を落とし、いのちの営みを盛んにすることで、場はますます豊かになっていきます。

●多くのいのちが華やぐ田畑

自然農は、自然の営みに添う農ですから、なるべく自然の営みを損ねぬよう、手を出さぬように心がけます。自然の営みに寄り添い、尋ねながらの栽培です。そっと添うことができましたら、そのような結果が出ますし、力ずくで治めようとしたり、うまく添えなければ、それもやはり、そのような結果が出ます。因果歴然です。

草々虫たちが盛んに営んでいる自然農の田んぼは、そこを通っていく空気や水をも浄化し、周辺の舞台にまで良い波長を広げていきます。多くのいのちが華やぐ田畑に立つと、何とも言えない安心感に包まれます。ここに私もしっかり立ち、すべてのいのちと一体になって、いのちの響きを上げていければ素晴らしい。

稲作と自然農

稲作の渡来・伝播

「稲は命の根なり」　『藻塩草』

今日、私たち日本人が主食にしているお米は、もともと日本にはありませんでした。ありふれた田園風景も、太古の日本には存在しませんでした。今ある水田環境は、稲作の伝来とともに、過去の人々が大変な努力を重ね、営みを重ね、築いてきたものです。

田んぼと畑は、その性質が全く異なります。畑は、斜面でも大丈夫ですし、少々の高低差があっても構いません。しかし水を溜める田んぼでは、傾斜地はもちろん、田んぼの中に高低差があってはいけません。水を溜める工夫も必要です。そして何より、田んぼには水を引いてこなければなりません。

稲作の歴史とは、水を治める歴史だとも言えます。水を治める歴史とは、土木工事の歴史、そして水源である森を守る歴史でもあります。普段、当たり前のように使う水道水は、どこから来ているのでしょうか。雨はどこからやって来るのでしょうか。一枚の田んぼを治めるということは、水のこと、森のこと、自然界、天地宇宙にまで意識を広げていくことになります。

●稲はもともと自生の植物

稲はもともと、野生に自生していた植物でした。今でも、インドやアフリカの一部では、野生種を採集している人々がいると言われています。野生の稲は、現在の栽培種とはさまざまに違いがあります。脱粒しやすく、休眠性が高く、長大な禾《のぎ》（イネ科植物の穂先にあるとげ状の突起。芒とも書く）を持ち、他の種と交じわりやすい等の違いです。これらは、厳しい自然界でいのちをつないでいくために、野生の稲が宿していた性質です。

現在の栽培種の稲は、長い月日をかけて、栽培に適した性質に改良されてきています。脱粒しやすくては、すぐにこぼれてしまい収穫できませんし、休眠性が高く、発芽がそろわなくては生長にバラツキが出てしまいます。また、のぎ（禾）のついている品種も数少なくなっています。

日本への稲の渡来・伝播ルート

山東半島か、
中国大陸から
朝鮮半島を
経由し、
九州に渡来
長江下流域
から、
東シナ海を
経由し、
九州に渡来
東南アジア
から
台湾・南西諸島を
経由し、
九州へ渡来

注：稲の原産地や渡来・伝播ルートには諸説あり、日本での稲作の起源、開始時期同様、確定されたものではない。『ゼロから理解するコメの基本』（丸山清明監修、誠文堂新光社）より

私たちの国に稲作が伝わってきたのは、縄文時代であると考えられています。縄文時代とは、今から約1万年前頃から、およそ8000年間続いたとされる時代です。人々は狩猟採集生活をしていました。狩猟採集ですから、厳しい生活環境であったに違いありません。食料の保存能力も低かったと想像されます。しかし、人々はたくましく、知恵深く、心身を伸びやかに、躍動しながら生きていたことが伝わってきます。

稲作の伝来は画期的なことでした。栄養価に優れ、生産性に優れ、保存の利く稲の伝来は、私たちの国のあり方を大きく変えていきました。暮らしが安定するのと同時に、人口も増加していきました。蓄えられた富は、権力を生み、貧富の差が生まれ、各地で小さな国が興りました。

稲作の伝来と伝播にはさまざまな説がありますが、弥生時代の中頃には、日本の広範囲で稲作がおこなわれていたと考えられています。当時の農具は、木鍬《きくわ》や木鋤《きすき》などでした。稲刈りは、石包丁で穂先だけを刈り取っていたと言われています。籾は高床式倉庫に保管され、籾すりは竪臼《たてうす》と竪杵《たてぎね》でおこなわれていたと考えられています。

大陸から鉄《てつ》をつくる技術が伝わると、作業効率は大きく向上していきました。鉄の働きを得て、耕作面積も広がっていきました。富を蓄えた豪族たちは、稲作で培った治水土木技術をもって古墳をつくりはじめます。やがて、各地の国々は統一されていき、日本国家の基礎となっていきました。

●日本の風土に適した稲作

稲作は、日本の風土によく合っていました。豊かな水の恵み、太陽の恵み、そして稲作にふさわしい四季の巡りがあったからです。

お米は、私たちの暮らしに欠かせないものとなりました。飛鳥時代の朝廷では、すでに未脱穀のお米が給料として支払われていたと言われています。お米を貨幣の代わりにし、給料の代わりにし、価値の中心に置いて、私たち日本人は暮らしてきました。

稲作と治水・利水事業

稲作が日本中でおこなわれるようになると、水が足りなくなりました。人々は溜め池を掘り、工夫を重ねました。弘法大師空海が香川県の満濃池《まんのういけ》の修復をおこなったことが有名ですが、今なお、日本中に先人たちの尊い努力の結晶が残されています。

鎌倉時代には生産高も大きく伸びていきました。この頃より、水田に水を引く水車が使われたり、鎌や鍬などの道具を専門に造る鍛冶《かじ》が生まれたとも言われています。また、二毛作もこの頃より始まったと考えられています。

治世者たちは、積極的に水路を整備し、水田を整えていきました。それらはもちろん、土地を掌握し、年貢を掌握するためのものでしたが、土木事業をおこない、新たな田んぼを開発していくことで、日本の国土を改造していきました。各地の治水・利水事業には、徳川家康や武田信玄、加藤清正などの戦国武将も深く関与してきたことが知られています。

江戸時代には、農耕文化も一つの形を確立していきました。各種の農機具も開発されていきました。千歯こきや備中鍬《びっちゅうぐわ》、唐箕《とうみ》、千石《せんごく》どおし、田畑に水を引くための龍骨車《りゅうこつしゃ》などが発明されました。新田開発もさらに進み、『米の研究』（監修・工楽善通　ポプラ社）によると、室町時代中頃（１４５０年）には94万haだった水田が、１５０年後の江戸時代初頭（１６００年頃）には１６２万ha、江戸中期（１７２０年頃）には２９５万haにまで増えたとされています。

この時代は、「加賀百万石」などと、藩の大小をお米の石高《こくだか》で表しました（一石とは、約１８０ℓ、一人が一年間で食べるお米の量）。藩の役人の給料も八十石というようにお米で支給されました。そのため、幕府や藩はお米の生産を上げようと努力を重ねたのです。江戸時代までの日本では、農地を広げ、収量を多くすることが富であり、力でした。国の発展とは、農が支えているものでした。

水の治め方も洗練されていました。現在のような水道はなく、井戸水や、川から引いた水を生活用水に使っていましたから、水に対する意識は高く、生きるに欠かせないものとして、慎重に、大切に用いてきました。糞尿は必ず田畑に戻し、生活排水も水路へは流さずに地面に染み込ませていたと言われています。当時、日本を訪れた外国人が、日本人の水の治め方の見事さ、清浄さに驚愕したという話が伝わっています。

明治になると、北海道の開拓など、さらなる農地の拡大をおこないました。そして、西欧の土地整理を規範とし、農地整備など、農業・農村の近代化を積極的に進めました。

しかし、近代化の波とともに、私たちの暮らしも変わっていきました。水道が整い、便利になると同時に、それまで培ってきた水の治め方、そして水を尊ぶ心を失っていきました。

畔に面した水路。(6月)。稲作は水の恵みを受けて、成り立つ

田畑に還元していた糞尿は、処理され川へ流されるようになり、田畑には化学肥料が使われるようになりました。私たちの暮らし全体が、石油に依存したものへと、急速に移り変わっていきました。

自然農の興り

長い年月をかけて発達してきた農耕文化ですが、西洋科学文明の発達とともに、農業においても、農薬、除草剤、化学肥料、大型機械など、石油に頼った栽培へと変化していきました。それらは、農家から重労働の多くを解放しましたが、多くの問題を孕《はら》んでいました。多大なエネルギーを必要とし、資源を消費し、環境や人体に大きな影響をもたらしたのでした。

しかし、その弊害にいち早く気づき、自然本来の農への回帰を訴える先覚者がいました。代表的な人物に、１９３５年から自然農法に取り組んだ世界救世教の創始者である岡田茂吉《もきち》さん、また、高知県農業試験場を辞め、１９４７年から故郷の愛媛県伊予市にて自然農法一筋に生きた福岡正信《まさのぶ》さん、さらに１９４０年代から無農薬無化学肥料による野菜栽培と品種改良などを追究した

慣行農法・有機農法と自然農

	慣行農法（化学農法）	有機農法	自然農
耕起	耕す	耕す	耕さない
肥料	化学肥料、有機質肥料	無機質肥料、有機質肥料	用いない（補い）
農薬	使う	なるべく使わない、もしくは使わない。（自然農薬使用）	使わない
草管理	農薬（除草剤）で死滅させる。マルチ、耕起	有機農法は草との闘い。機械、マルチ、アイガモ、耕起などで制する	草も必要ないのち。敵とせず必要に応じて刈る

注：①「補い」とは、生活から出てくるもの（生ゴミ、米ぬか、もみ殻など）を田畑に還すこと
②「自然農薬」とは生物資源由来の自然素材（木竹酢液、土着微生物、植物エキス、アルコールなど）を用い、つくり出したもの
③「マルチ」とは雑草抑止などのため、地面をポリフィルムなどで覆うこと

藤井平司《ひらし》さんなどがいます。

おそらくは、人知れず多数の先覚者がおられたことだと思います。一つの思想哲学は、一人の人がつくり上げるものではありません。人々の意識は、その深層でつながり、互いに影響を与え合いながらはぐくみ合い、時代を築くものだからです。

先覚者の打ち出した自然農法は、物質文明に疑問をもつ多くの人の心を揺さぶりました。そして次世代の先覚者・川口由一さんによって、より具体的な形へと転化され、「自然農」として、今日の人々に届けられています。

慣行農法とは、耕起した田畑に化学肥料を投入し、農薬や除草剤を使って草や虫を制する農法です。化学的な視点で、必要とされる物質を作物に与えはぐくみます。生態系を支配し、自然界をコントロールするという思想の上に成り立っています。

有機農法とは、一般的に、耕起した田畑に有機肥料を投入し、農薬や除草剤をできるだけ用いずに栽培する方法を言います。化学肥料を用いず、有機肥料や天然に存在する無機肥料を用いていますが、作物をはぐくむための基本の考え方は、化学農法と変わりません。草や虫を敵とし、肥料で作物を育てます。

自然農では、すでに述べたように耕さず、肥料・農薬

を用いず、草や虫を敵としません。すべてのいのちが生きるなかで、作物は生かされ、育ってゆくことを大切にしています。そのような自然界の理の上に成り立っている農です。

自然農の広がり

自然農は、単に農薬や化学肥料の弊害を指摘し、化学農業以前への回帰を訴えるものではありません。「耕さない」「肥料・農薬を用いない」「草や虫を敵にしない」という理念は、農のあり方の根本を問い直すものであると同時に、農を超えて、有史以来、人類が抱えてきた課題、「生きるとは何か」への問いかけでもありました。

川口さんの田畑は、妙なる畑の会、見学会などの学びの場となっている

自然農の歴史は、始まったばかりです。その実際は、未だ完成を見るには至っていません。あるいは、完成するという日はこないかもしれません。なぜならば、自然農とは、自然に添い、応じ任せる栽培方法だからです。変化し続けるいのちの世界で、自然の営みとともに、進化し続けるからです。歴史の最前線に立つ私たちは、それを今からともに経験していくことになります。

＊

自然農を求める声は、都市住民を中心に確実に増えてきており、必要に応じて学びの場も全国各地へと広がっています。自然農を通して、家庭菜園を楽しむ人、農的暮らしを楽しむ人、農的暮らしを求めて田舎へ引っ越す人、自給自足を目指す人、あるいは専業農業者として取り組んでいる人々もいます。

学びの場で必要な出逢いと学びを重ね、必要な能力をも養って、それぞれの道を進んでいかれます。自然農へのかかわり方、そしてその後の人生展開は百人百様ですが、いずれもが、健やかないのちをはぐくむ農を想い、いのちからの喜びを願い、いのちからの納得を求めてのものに変わりありません。是非に願いを成就していただきたいと思います。

自然界の恵みと稲の一生

太陽の恵み

宇宙は今日も、絶妙の調和をなして運行しています。いのちの営みは、いのち自ずから……。いのちの根源に流れるエネルギー、その力により宇宙は展開し続けます。地球という星も、いのち自ずから活動しています。そして他のいのちとかかわり、他の星々からの働きを受け、絶妙のバランスのなかで存在しているのです。地球に生きる生命が、最も多大な影響を受けているのが太陽ではないでしょうか。

●太陽エネルギーの働き

太陽のエネルギーは、地球に降り注ぎ、さまざまな恵みをもたらしてくれます。太陽は、地表や海水を温め、水を蒸発させます。水蒸気は雲となり、やがて雨となって地上に降りてきます。太陽の働きを受け、水は地球の上を循環することができるのです。そして、地表に温度差が生まれることによって、風が生まれ、波が生まれ、海流がつくられていきます。私たちの地球は、太陽の恵みを受けることで巡りめぐっていきます。

地球に降り注ぐ太陽エネルギーのほとんどは、やがて再び宇宙に還《かえ》っていくと言われています。ごくわずかなエネルギーだけが、植物により取り込まれ、地球の上に固定されるのです。

植物は、太陽の光を受け、二酸化炭素や水を吸収し、炭水化物や酸素を生み出す光合成《こうごうせい》をおこない、身体をつくることができますが、私たち動物にはできません。私たち動物は、基本的に食べることによってエネルギーを得ているのです。植物が固定してくれた太陽エネルギーを食べて、身体をつくっています。植物が太陽エネルギーを固定し、草食動物が植物を食べ、それを肉食動物が食べ、肉食動物の糞や死骸を微生物が食べて分解し、また植物の糧になっていく……。地球のいのちは太陽からの恩恵を受けて循環し、巡っていきます。

また、古来私たちは、太陽エネルギーから、生活のほとんどすべてを得てきました。家屋はもちろん、家具や食器、紙や障子、燃料、衣類、草履……、衣食住のほとんどが植物、つまりは太陽エネルギーから生産されたものでした。私たちは植物を通じて太陽の恵みを手にし、無駄なく美しい暮らしをつくってきました。

私たちが食べるお米も、太陽エネルギーが与えてくれるものです。古来、国が豊かになるということは、農地の面積を増やし、太陽の恵みを食物に変える場所を増やすことを意味していました。太陽の恵みを受ける割合は、面積に比例するからです。治世者たちが新田を開発し、農地を増やし続けてきたのは、自国を富ますためでもありました。

作物と環境諸要素の相互関係

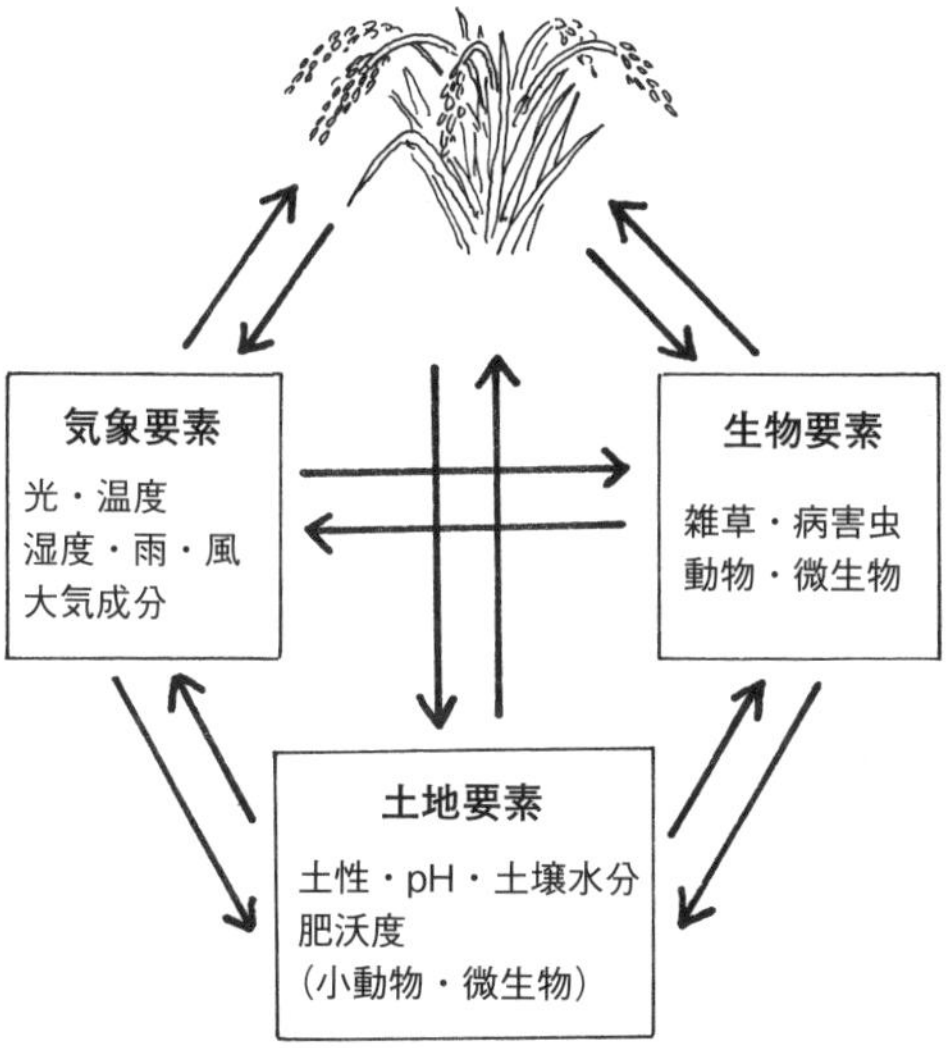
気象要素
光・温度
湿度・雨・風
大気成分
生物要素
雑草・病害虫
動物・微生物
土地要素
土性・pH・土壌水分
肥沃度
（小動物・微生物）

注：『栽培環境』（角田公正・松崎昭夫・松本重男 著、実教出版）をもとに加工作成

しかし、やがて「国が豊かになるということは、農地面積を増やすこと」という時代に終わりが来ました。産業革命・エネルギー革命が起こったのです。

●化石燃料と消費文明

私たちは、地球に埋蔵されている石炭や石油を消費することで、莫大なエネルギーを手に入れました。しかし、それらも元をただせば太陽エネルギーです。植物の化石が石炭や石油に他なりません。太陽エネルギーが何億年とかけて地球に蓄積してきた遺産です。

私たちは化石燃料を燃焼させ、消費文明をつくってきました。国土が狭く、資源に乏しいわが国は、貿易立国となりました。外国から安い原料を仕入れ、高度な製品に仕上げて輸出する。その結果、日本は経済大国となりましたが、食料自給率は低下し（２０１１年のカロリーベースにおける食料自給率は39％）、多くの大切なものを失いました。工業化、都市化に伴い、多大な農地も失いました。

ある試算では、現在の日本の耕地面積を日本人総数で割り出すと一人当たりの面積は約４ａ弱になるとのことです。限りある農地、資源で私たちは生きていかなければなりません。自給自足は生きる根幹です。国として自立するために、今、自給力を高めていく確かな答えが求められています。

化石燃料は、そう長くはもたないと言われています。現在、原子力発電が厳しく問われ、さまざまな再生可能な自然エネルギーが模索されていますが、未だ道筋はつけられていません。

●最善の恵みを受け取る

自然農は、化石燃料に依存しない栽培方法です。太陽の光を受けいただき、いのちの巡りのなかで栽培することで、無駄なく、最善の恵みを受け取る栽培方法です。自然界に問題を一切招かず、永続を約束されるあり方です。人が人として豊かに生を全うしていけるあり方です。

自然農の田んぼは、私たちが見失い、忘れてしまっているものを、無言のうちに語り続けています。

水の恵み

青く美しい星、地球……。多くの生命が息づき、生命活動を繰り広げている地球は、水の惑星とも呼ばれ、実に地表面の3分の2が水に覆われています。わずかな陸地の上にも、湖や河川があります。あるいは場所によっては、氷や雪として存在する水があります。そして、地球の水の相当な部分は空気中にもあります。雲や蒸気として存在する水が、何千、何百万tとあるのです。


また、私たち人間の身体も、およそ70%近くが水であると言われています。身体のすみずみまで循環している血液も、ほとんどが水です。リンゴの84%、魚の75%、ジャガイモの78%、クラゲに至っては96%までが水だと言われています。

生物体は、固体のように見えますが、じつは、ほとんどが液体であることがわかります。地球の生命は、水なしには生きていくことができません。あるいは古代の文明も、黄河、インダス河、チグリス・ユーフラテス河、ナイル河などの各流域で栄えてきました。私たち人類は、水とともに栄え、水とともに生きてきたのです。

●生命をはぐくむ水

生命の母でもある海は、40億年以上も前から存在していたと考えられています。地球の創生期、当初とても熱かった地球の温度が下がるにつれ、大気中の水蒸気が雨となって地上に降り注ぎ、海をつくったと言われています。こうしてできた原始の海から、地球の生命は大きく展開していくことになったのです。

地球上での水の巡りはとてもシンプルです。太古の時代からほとんど変わることなく、ただ循環を繰り返しているだけだと言われています。水は、太陽光の熱を受け、海や陸地から蒸発し、雲を形成し、雨や雪となって、再び地表に還ってくるのです。地域に降る量に違いはあっても、地球に降り注ぐ雨の総量は、毎年ほとんど一定量を保っていると言われています。水は生命をはぐくみ、私たちの身体を潤し、巡りめぐっていきます。水を汚すということは、私たち自身を汚すことに他なりません。

水に恵まれ、水に囲まれるように生きている地上の生物ですが、じつは、直接的に使える水はほとんどありません。地球上の水の約97％は海水です。

残り3％の淡水も、その7割は北極・南極の氷として存在しています。残りの水の多くも、雪や水蒸気であったり、地下に流れる伏流水であったり、現実的にはほとんど使用できないと言われています。

田んぼに水を引く

田植えを終え、水の恵みを受ける

私たちは、わずかな水を他の生物たちと分け合って使わなければなりません。人が直接的に使用できる水の量は、全体量からすると、ごくごくわずかなのです。

人口増加などにより、世界中で使われる水の量は増え続けており、各国で水不足が起こってきていると言われています。また、水質汚染が増加するなど、世界の水問題は、ますます深刻になってきているのが実情です。

●水を汚さないために

水質汚染とは、人間によって引き起こされた水の汚染です。生活排水や産業廃棄物などにより引き起こされ、水質汚染は、私たち人間の暮らし方の問題です。農の分原因の約7割は生活排水によるものと言われています。野で言えば、田んぼに使われる化学肥料、農薬、除草剤などの他に、表土の流出、有機質肥料、畜産廃棄物なども汚染の原因となります。水質汚染は、自然界の絶妙のバランスを崩し、多くの生命を脅かし、私たち自身の暮らしを脅かします。

栽培においては、水を汚さず、自然界に問題を招かないあり方が必要となります。自然農の田んぼでは、農薬を用いず、肥料を用いず、問題を招くことはありません。それに加え、多様な生き物が活発に生命活動を繰り広げていますから、汚染物質を分解し、浄化する営みも活発におこなわれます。田畑を通っていく水をも浄化していくのです。

風の恵み

「月は地を湿し、日は地を乾かす。風は日月と共に生類を守る」

スシュルタ・サンヒター

宇宙に浮かぶ星、地球……。私たちの生きる地球には、まるで身体を優しく覆い包むかのように、大気という衣があります。大気の厚みは、ほんの10㎞くらいしかないと言われており、これは地球の直径の1000分の1にもならない厚さです。

私たち人間が、衣服に守られているように、地球の表面も大気という薄い層に守られているのです。大気があることで、例えば小さな隕石は地上に降り注がず、有害な放射線からも守られています。

また、地球に大気があることで太陽の光が反射し、地上から空が青く見えると考えられています。宇宙には、大気がないために空は真っ暗です。

「空気」と「大気」という言葉は、地球においては、ほとんど同じ意味を表しています。身近にあるものを「空気」と呼び、より大きな視野で見る時には「大気」と呼んでいるのです。

「風」とは、空気の流れのことを言います。太陽から熱エネルギーを受け、温められた大気は、地球の上を循環していきます。基本的に、温められた空気は上に昇ります。空いたスペースに冷たい空気が引き寄せられます。あるいは、気圧の高い方から低い方へ空気は流れていきます。こうして風は起こり、大気は流れ、巡りめぐっていきます。

気は、巡りゆくのが正常です。風が、気の流れを良くし、いのちの流れを促すことで、いのちの営みはスムーズにおこなわれます。気の巡りが、水の巡りとともに地球の上を循環していくことで、生命は健全に養われていくのです。

人の身体のなかにも気は巡ります。古典医学では、「気は血の帥《すい》、血は気の母」と言われています。帥とは、率《ひき》いるという意味です。気が巡ることで、血も巡り、生命活動は促進され、健全な営みがなされていきます。

また、生命とは単なる物理現象ではありませんから、風は、人の心のうちからも起こります。いのちから発露した想念、情動が気を発し、風を起こし、社会の流れ、宇宙の流れに働きかけていきます。

人間社会に健全な流通が必要なように、自然農の田んぼにも健全な空気の巡り、風の通りが必要になります。風が渡り、新鮮な気を得ることで、いのちの巡りが良くなり、場が浄化され、病虫害の発生は抑えられ、健やかな営みが促されます。そして耕さないことを重ねるなかで、いのちの営みは栄え、土のなかの空気の通りも良くなり、作物は根を健全に伸ばし、健やかな営みを展開していきます。

土壌動物の大きさと生育密度

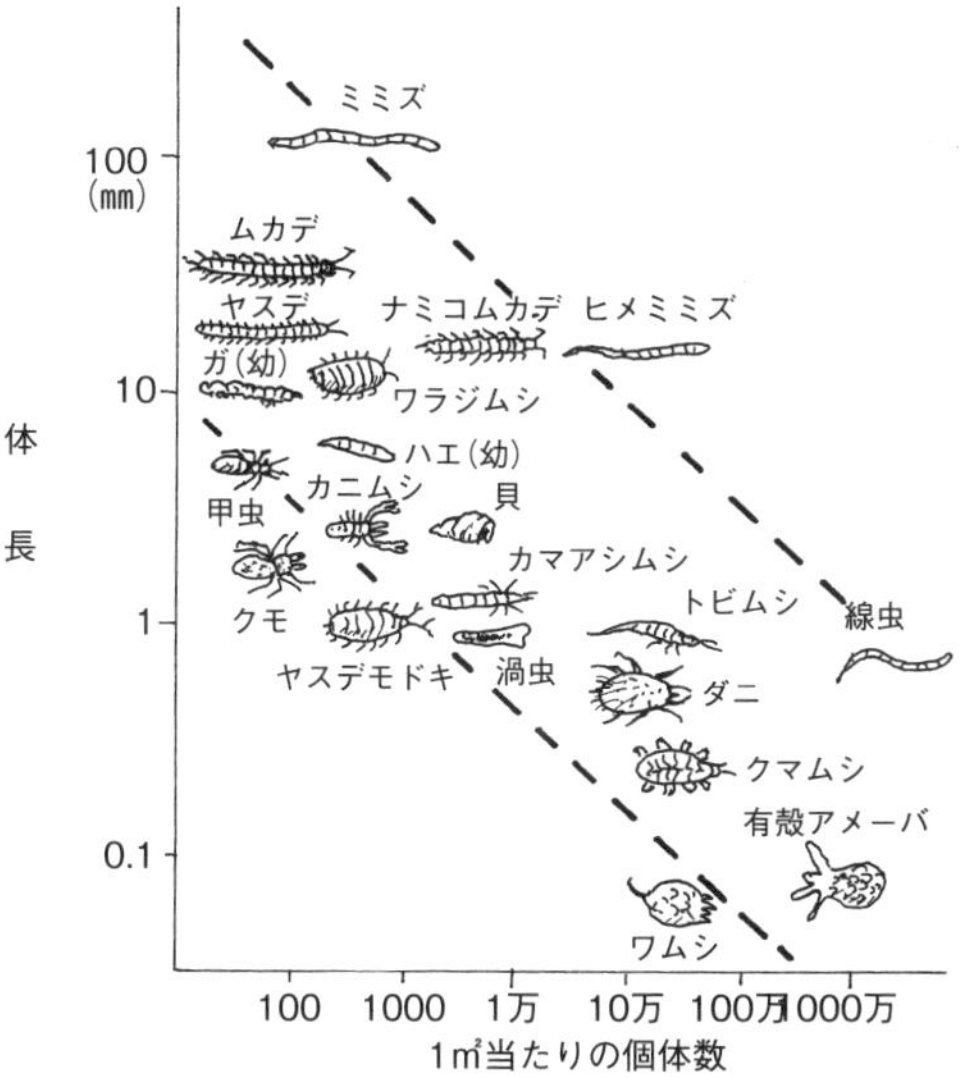
体長
100 (mm)
10
1
0.1
100
1000
1万
10万
100万
1000万
1㎡当たりの個体数
ミミズ
ムカデ
ヤスデ
ガ(幼)
ナミコムカデ
ヒメミミズ
ワラジムシ
ハエ(幼)
甲虫
カニムシ
貝
カマアシムシ
クモ
トビムシ
線虫
ヤスデモドキ
渦虫
ダニ
クマムシ
有殻アメーバ
ワムシ

注：①都留信也「土壌の微生物」による
②『栽培環境』（角田公正・松崎昭夫・松本重男 著、実教出版）より

土の恵み

母なる大地……。私たちのいのちを養う作物は、大地から生まれ、土の恵みを受けて育まれていきます。作物の味とは、その土地の「土」の味そのものです。では、「土」とは一体何からできているのでしょうか。

「土」とは、岩石が風化などで細かい粒子となったものに、植物の葉や根、死体などの腐植が合わさったものを言います。粒子の細かさにより、「砂」や「粘土」などと呼び名が変わります。砂などの大きな粒子が集まった土は、水はけが良く、水保ちが良くありません。逆に、粘土のような細かい粒子が集まった土は、水はけが悪く、水保ちが良くなります。

●腐植の働き

腐植は、土中に棲む微生物の餌になったり、養分を吸着する働きがあったりしますので、土の構造を保つのに重要な働きをしています。一般的に、腐植の多い土は、肥えた土、養分の多い土となります。

作物をはぐくみ、陸上生物の生きる舞台となる土ですが、その他にもさまざまな働きがあります。例えば、土には保水能力がありますから、雨水をゆっくりと吸収し受け止め、少しくらいの雨ならば洪水を防ぐことができます。あるいは、暑い時期に、日照りが強くなっても、土が保っている水が蒸発し、地表温度の上昇も抑えられます。

　また、水が土のなかを通っていく過程で、不純物は取り除かれ、水がきれいになっていきます。そして、土は陶磁器の材料や土木建築の材料として、私たちの暮らしに欠かせないものでもあります。私たちは、大地に生かされ、土とともに生きてきたのです。

　土壌は、気候や植生の違い、母岩や地形などの違いにより、異なった性質になります。例えば、酸化物を多く含んで紅色土や黄色土になるものがあれば、黒色土になるものもあります。自然農をおこなう場合は、土質を問題とせず、その土地の性質に応じることを大切にしていきます。

　また、基本的に土壌には層があります。大きく分けると、岩石の層の上に、風化などによって細かくなった岩石と有機物が合わさった土があり、その上に粗大有機物などがあります。例えば、森の土は17頁の図のように層をなし、重なっています。

田んぼの土層構成

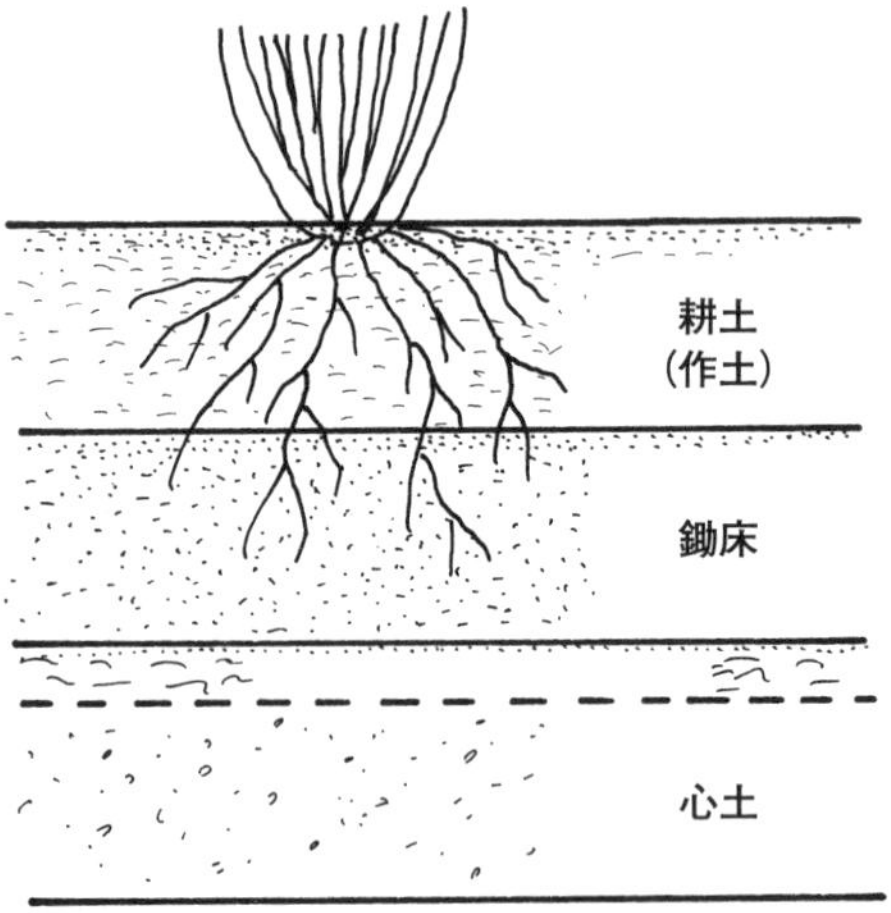

注：耕土層は養分を多く含み、鋤床層は水を通しにくく水を溜める。耕土層の上部に亡骸の層がある

●田んぼは3層の土で構成

　人為的につくられた田んぼの土は、基本的に3層に構成されています。一番上にある層が、耕土（作土）です。耕土には養分が多く含まれます。その下にあるのが、鋤床《すきどこ》の層です。鋤床は、水を溜めるためにつくられた層ですから、ここを破らないようにしなければなりません。

　例えば、溝掘り作業中などに、底の土の色に変化があれば、鋤床に到達したと考えられます。それ以上は掘らないように気をつけます。

　鋤床のさらに下に、心土と呼ばれる層があります。心土が土台となり、その上に水を溜めるための鋤床、さらにその上に、養分を多く含み、稲を育てるための耕土があるのです。

自然農の田んぼも、構造は同じです。心土の上に鋤床があり、その上に耕土があります。他の田んぼとの違いは、耕土の上に亡骸の層があることです。亡骸の層では、森の土のように、豊かな有機質の層がはぐくまれています。稲はここから養分をもらい、生命活動をなしていきます。

稲の一生

稲は、春に芽を出し、夏にたくましく育ち、秋には豊かに実って、2000〜3000粒の種を残し、約半年間で一生を全うして死んでいきます。稲の生長に応じた適切な手助けをしていくためにも、稲の一生を知ることは大切なことです。

●発芽期

条件がそろえば、種籾は発芽の営みに入ります。

条件の一つ目は水分で、種籾の15％の水を吸うと発芽を始めます。二つ目は温度で、13℃以上の温度が必要になります。三つ目は酸素が必要です。乾燥状態で休眠していた種籾は、これらの条件を得て、発芽を始めます。

籾は、玄米と籾殻からなり、玄米は胚と胚乳に分かれ、胚乳の上面は種皮に覆われています。胚の上部には幼芽、下部には幼根のもとになるものがあります。発芽の前には、胚乳が水を吸って柔らかくなり、中に貯えられていた澱粉が胚に送られます。胚のなかでは酸素が働いて細胞分裂が起こり、幼芽と幼根が生長を始めます。やがて胚の部分の籾殻に穴があいて、鞘葉《しょうよう》（最初に現れる半円筒、鞘状の葉）の先端が外に出て、次に幼根が伸びてきます。

●幼苗期

鞘葉に続いて第1葉が出てきます。この基部に節ができ、その間から茎がつくられます。伸びた茎の節から第2葉、次の節から第3葉ができます。第3葉の頃までは籾のなかの胚乳の養分で育ちます。

幼根が育つと種子根と呼ばれる根になりますが、この根は苗が幼いうちに役目を果たして、その後に枯れてしまいます。種子根が枯れる前に、茎が伸びるにつれて、節から多くの根が出てきます。その根を冠根と言います。この冠根が、土のなかの養分や水分を吸う役目をしていきます。

第4葉が出る頃には胚乳の養分がなくなり、根から養分を吸い、葉から光合成をおこない、自力で生きてゆけるようになります。

稲の一生

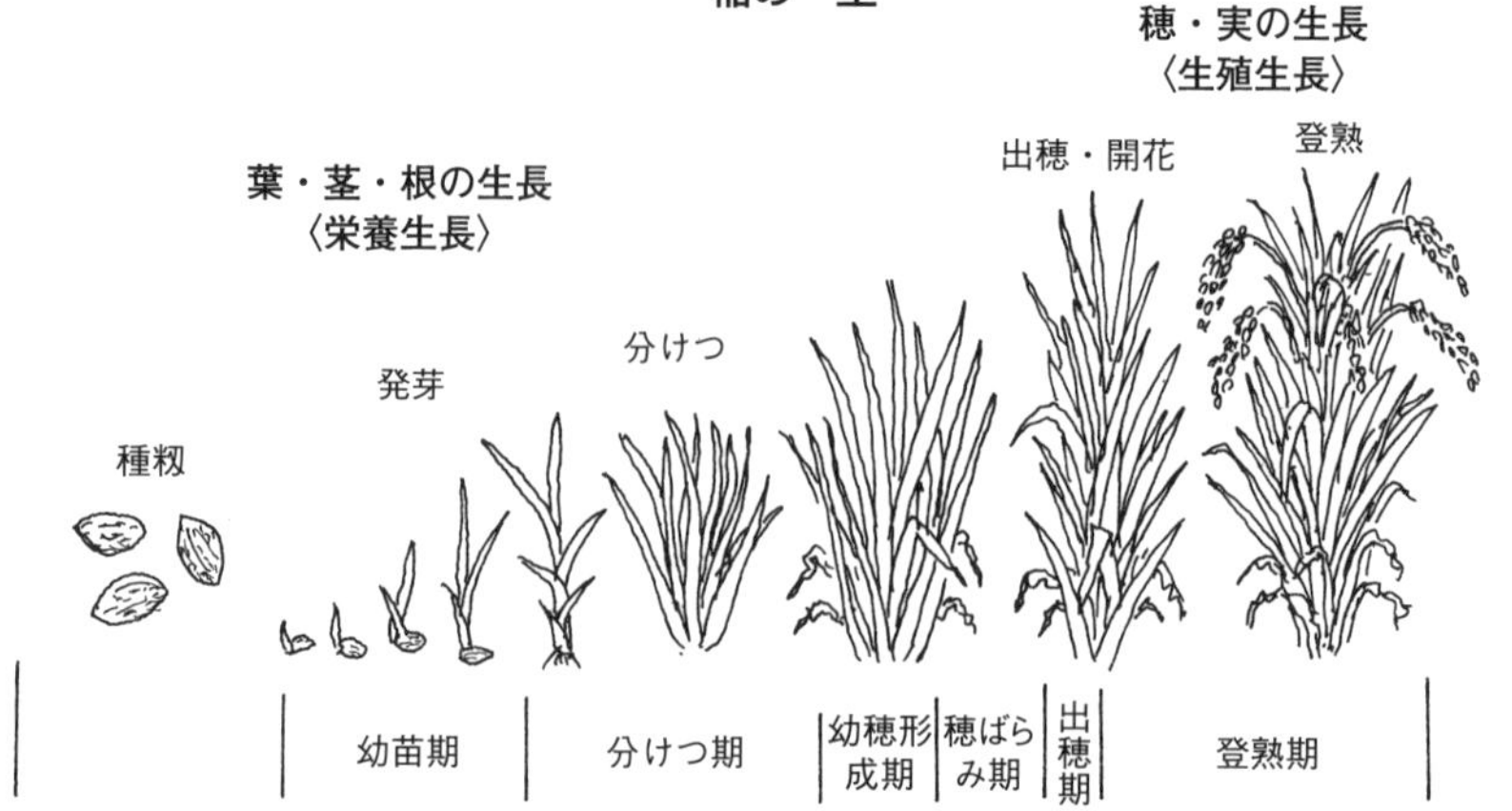
穂・実の生長
〈生殖生長〉
葉・茎・根の生長
〈栄養生長〉
種籾
発芽
分けつ
出穂・開花
登熟
幼苗期
分けつ期
幼穂形成期
穂ばらみ期
出穂期
登熟期

時期	北海道・東北	4月	5月	6月	7月	8月	9月	10月
	九州	5月	6月	7月	8月	9月	10月	11月

注：①本州(関東、関西の平野部)の時期は、品種にもよるが慣行農法では北海道・東北の２～３週間後、自然農では３～４週間後が目安
②『ゼロから理解するコメの基本』（丸山清明監修、誠文堂新光社）をもとに加工作成

自然農では苗が15cm以上になった頃を田植えの目安としています。

●分けつ期

ほぼ七日ごとに新しい葉を出して生長していきます。新しい葉ほど大きく長くなっていきます。葉は、茎にある節から一枚ずつ左右交互に出ます。

茎の根の際《きわ》にはたくさんの節があり、この節から冠根を出すとともに一つの茎を生じ、この芽が伸びて分けつとなります。

主稈《しゅかん》（種籾から直接出た茎・親茎）から直接生じた分けつを第1次分けつ、第1次分けつから生じたものを第2次分けつ（孫分けつ）、第2次分けつから生じたものを第3次分けつと言います。

分けつは、田植え後10日目頃から増えはじめ、第2次分けつが始まれば最高分けつ期に入ります。それを過ぎて第3次分けつ後期になると、分けつの勢いは弱まります。分けつ期の終わりに出たものは独自で育っていく力がなく、母体が穂つくりを始めると養分の供給が止まり、これらの分けつはやがて枯れていきます。これを無効分けつと言います。

●幼穂形成期・伸長期

稲の株をとって葉をめくってゆくと、最後に小さな茎

稲の生育ステージの観察

〈幼穂形成期〉

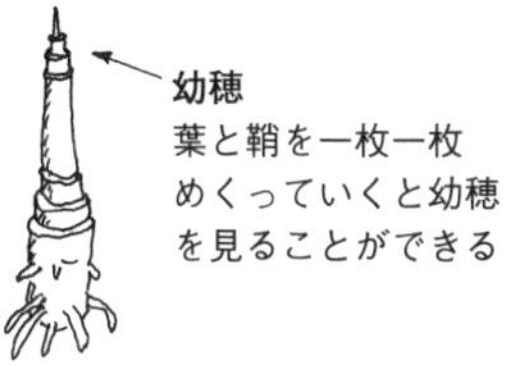
幼穂
葉と鞘を一枚一枚
めくっていくと幼穂
を見ることができる

〈発芽期〉

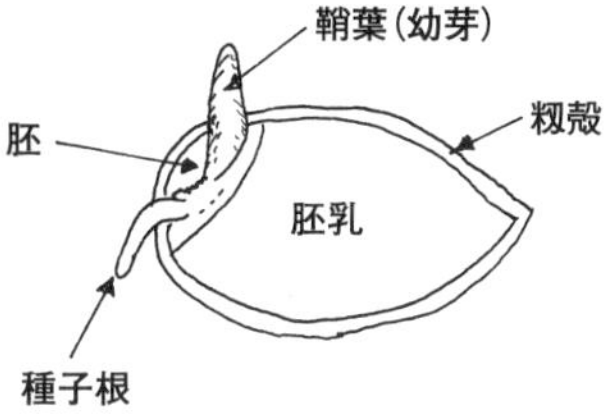
鞘葉(幼芽)
籾殻
胚
胚乳
種子根

〈出穂・開花期〉

開花

〈幼苗期〉

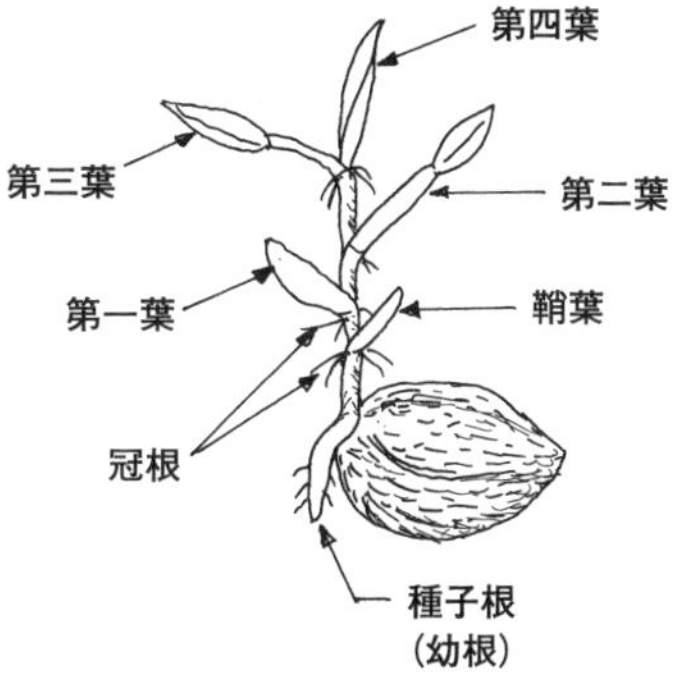
第四葉
第三葉
第二葉
第一葉
鞘葉
冠根
種子根
(幼根)

稲の花の中

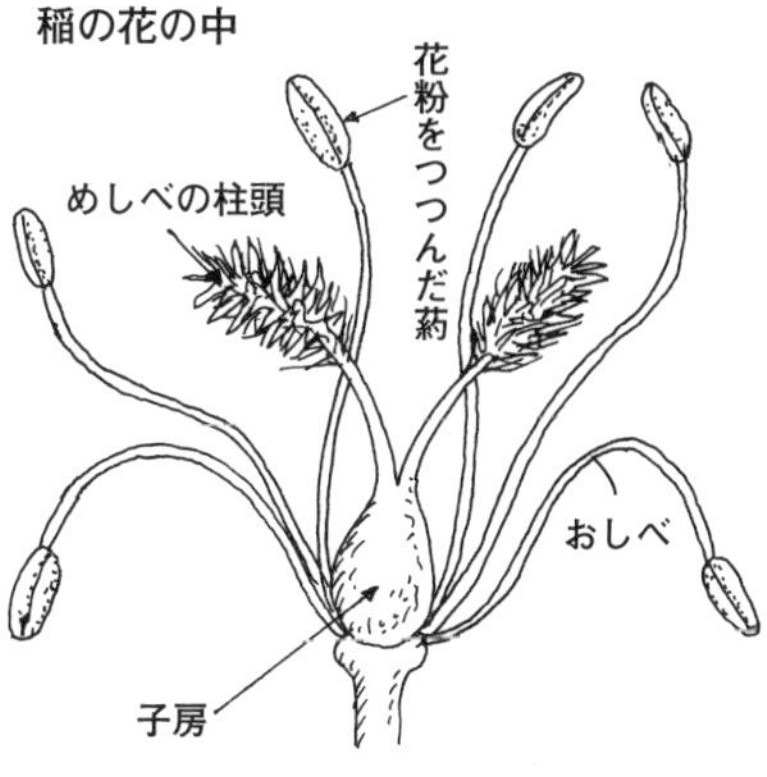
花粉をつつんだ葯
めしべの柱頭
おしべ
子房

〈分けつ期〉

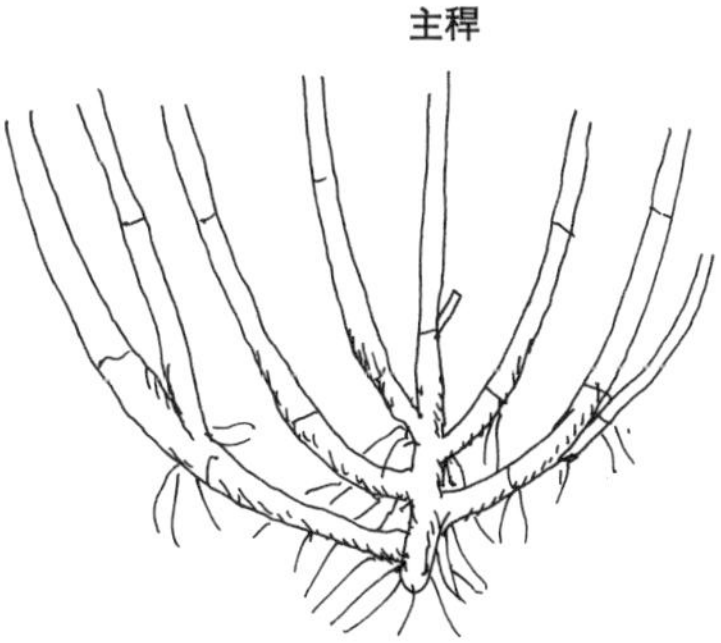
主稈

注：『解剖図説イネの生長』（星川清親 著、農文協)、『バケツ稲づくり指導書』（JA全中・JAグループバケツ稲づくり事務局)、『農業基礎』（角田公正・平井真一・久保田旺・松崎昭夫・塩谷哲夫 著、実教出版）などより

新しい葉を出して生長(分けつ期)

出穂し、開花とともに受粉がおこなわれる

幼穂がつくられ、草丈が伸びる

結実し、登熟期に入る

の先端が現れます。これが生長点で、分けつ期には次々と新しい葉をつくっていきますが、出穂《しゅっすい》の40日前になると止葉《とめば》（最後につくられる葉、茎の一番上にできるもの）をつくり、その後約10日はじっとしています。

　その後、出穂の30日くらい前になると、生長点自体が生長しはじめて円錐形になり、穂のもとができはじめます。この頃には、茎葉の生長が衰え、葉の色も落ち、分けつも止まります。

　分けつ期である身体づくりの営みを終えて、幼穂《ようすい》形成期の子づくりの営みに移ってゆく要因は、日長時間（昼と夜の長さの割合）、温度、水分、栄養分などの外的条件に伴った体内の成分変化によるものであると考えられています。

　幼穂がつくられはじめると、その下の茎の節間が伸びはじめます。そのため、出穂期までの間に、急に草丈が伸びます。この期間を伸長期とも言います。

　この時期には、幼穂に、穂の枝ができ、花のもとをつくります。おしべとめしべの形成も始まり、花粉と卵をつくりあげていきます。

　出穂の10日前になると穂の形は完全にできあがり、止葉の葉鞘に包まれています。外からも茎がふくらんでいるのが見えます。この時期を「穂ばらみ期」と言います。出穂の4~5日前には形の上ではほぼ完成した穂になっています。

●出穂期、開花期

穂の形成が完了すると、茎の伸長がさらに盛んになり、幼穂を上に押し上げて、やがて止葉の葉鞘の外に穂を差し出します。

出穂すると、その日のうちに上部から花が開き、開花とともに受粉がおこなわれます。受粉が終われば、2~3時間で花は閉じます。

稲は自家受精の植物で、一つの花のなかにある6本のおしべの花粉と1本のめしべが一緒になって受精をします。

稲の花は、朝9時頃から昼頃まで、特に11~12時の間に最も多く開きます。花が開くと同時に、おしべの花糸《かし》が伸びて、花粉をつつんだ葯《やく》を、花の外に差し出します。その時に葯が破れて中の花粉がこぼれ、花のなかにあるめしべの柱頭《ちゅうとう》に降りかかります。

稲は風媒花と言われており、花粉を飛散させますが、開花寸前に花粉はめしべについて、自家受粉をおこないます。

受精が終わったあと、しばらくすると細胞分裂が始まり、7日後には幼い芽と葉のもとができはじめます。根のもとは少し遅れて約10日後に見られます。こうして開花後2週間で、胚ができあがります。

幼穂形成期から出穂期にかけて、栄養不足、水不足、低温や日照不足になると花粉が受粉できず、実の入らない籾ができると言われています。

●結実期、登熟期

人が食べる白米の部分が胚乳と呼ばれ、種籾が芽を出して育つための栄養をたくわえておく場所です。

葉にできた澱粉が胚珠（受精後、生長して種子となるもので胚と胚乳からなる）にたくわえられ、子房（胚珠が入っためしべの根元）がふくらんでいきます。

開花後5~7日頃には、玄米の先端が籾の先端にまで届きます。米粒の形は細長くて曲がっていますが、次第に幅も厚みも増してきます。25日目頃には玄米の外形の発達は完了しますが、その後も澱粉をたくわえて、30日目頃には内部の充実は完了に近づいて、水分も少なくなり、玄米は堅さを増して白色透明となります。受精により、胚珠が発育を始め、種子ができる過程を登熟《とうじゅく》といいます。

やがて、夜の気温が下がりはじめると、籾は黄金色に色づき、葉も下から枯れて、40~50日目頃には完熟の時を迎えます。

必要な道具いろいろ

自然農では、大きな機械に頼らず、人に授かった身体を伸びやかに働かせ、目的に応じた道具を手にして作業を進めていきます。

手作業に必要な道具は、主に鎌《かま》、鍬《くわ》、スコップの三つです。

鎌

草を刈る道具です。用途によって種類があります。

自然農の作業では、鎌はのこぎり鎌と呼ばれる、刃がのこぎり状になったものを用います。のこぎり鎌は、茎の繊維が硬い草を刈るのに適している鎌です。

しばらく放置されていた田畑では、笹やセイタカアワダチソウなどが生えてくることがあります。このような硬い草を刈り取るには、のこぎり鎌が適しています。また、種を降ろしたり、苗を植えつける時に、鎌の刃先を地面のなかに入れて穴を掘ることがありますので、刃が傷《いた》みにくい、のこぎり鎌を用います。

刃が滑らかな草刈り鎌、あるいは刃鎌と呼ばれているものは、柔らかな草を刈るのに適していますが、刃がこぼれやすいので、扱いに注意します。また、柴刈り鎌や木刈り鎌と呼ばれている、柄《え》が長く刃の厚いものがありますが、これらは木の小枝を払ったり、細い木を刈ったりする時に用います。

のこぎり鎌の刃の材質は、鋼《はがね》のついた鉄製のもので、刃が厚めのものを選びます。ステンレス製の刃は錆びませんが、繊維の硬い草を刈る際には滑りやすく、草を刈

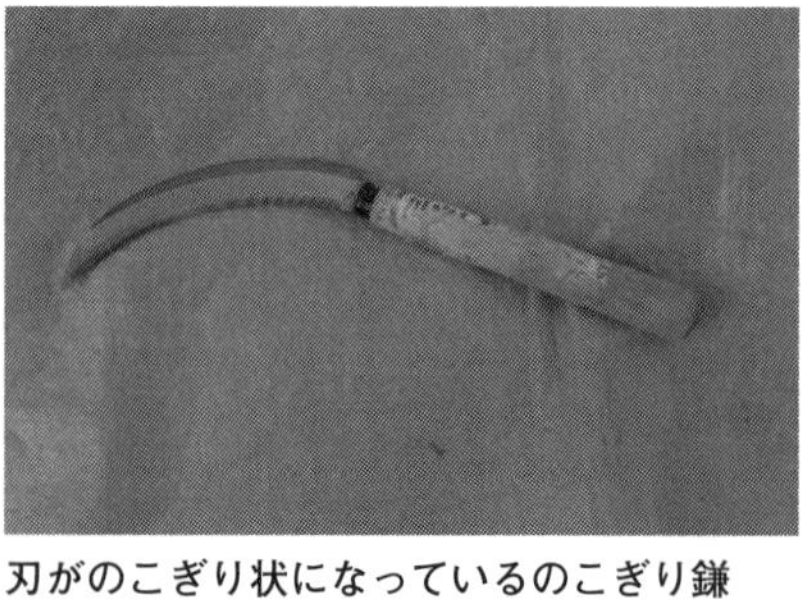

刃がのこぎり状になっているのこぎり鎌

のこぎり鎌で手際よく刈り取る川口さん

る時に余計な力が入り手を傷つけてしまうことがあります。鉄製のものは泥がついたままだと錆びやすいので、使ったあとは泥をふき取ってから、直射日光の当たらないところで保管します。

鍬

鍬は畝を整える、溝土をすくい上げる、土を寄せる、蒔き溝をつくる、苗床をつくる、畔を塗るなどの作業に用います。土を削り、耕し、ならし、整えるのに必要な道具です。

鍬の種類は、刃の部分が平らで長方形になっている平鍬、三つ叉に分かれた備中鍬、幅の広い鋤簾《じょれん》、草削り鍬などがありますが、平鍬が一本あれば、すべての作業に応用できます。

平鍬にも種類があります。大きく分けると、刃と柄《え》の角度が直角に近いもの（耕すことを目的とします）、70度ぐらいのもの、30~45度くらいのもの（溝の土などを上げることを目的とします）がありますが、70度くらいの角度のものがあれば、すべての作業に用いることができます。

刃は、鉄製の厚手のもので、刃の先端部分に鋼《はがね》の入っている、重みのあるものを選びます。この重みを利用して、土のなかへ刃先を入れます。刃が薄く軽い鍬は扱いやすいように思いますが、刃の重みが足らず、土のなかへ入れるのに力が必要になります。

硬い根っこや土を掘り起こす時には、どのような鍬でも、使い方を誤れば柄に必要以上の力がかかり、柄が折れたり、刃が曲がってしまうことがあります。無理な力がかからないように扱います。

柄を金具で止めているものは、金具が緩んでくると刃が動いてしまいます。昔ながらのくさびを入れているもの、しっかりと止められて、ガタのこないものを選びます。

くさびだけで止めている鍬は、柄が乾燥すると、作業中に刃が動いたり、抜けてしまうことがありますので、使用前には鍬の柄と刃の接合部を水のなかにしばらくつけておきます。柄が水分を吸収して膨張すると、刃がしっかりと固定されます。また、作業中に鍬を田畑にしばらく置いておく時には、接合部に草などをかけて直射日光による乾燥から守ります。

土を鎮圧する時にも鍬を用いますので、刃が平らで刃の裏側から柄の先端が出ていないものを選びます。

近くに鍛冶屋さんがあれば、刃が欠けたり、歪めば打ち直したり、交換することができ、道具を永く使うこと

硬い土などを掘るのに適している剣先スコップ。全長1m前後のものが一般的

刃の部分が平らな平鍬

刃が三つ叉に分かれた備中鍬

ができます。

使用後は、鎌と同様、泥がついたままでは錆ついてしまいますから、泥をふき取って、直射日光の当たらない場所に保管します。

買い求める際は、硬い土でも削ることができる重みのあるもの、使いやすい角度のものを選びます。

スコップ（シャベル）

溝を掘って畝を整えたり、ゴボウやイモなどを収穫する時に用います。掘る、削る、あるいはすくって土を運ぶための道具です。

大きさは一般的に販売されているサイズ（全長1m前後、刃の肩幅23〜25㎝）のものを選びます。小さなものでは、重さも足らず、土のなかに入りにくく、働きをしてくれません。

刃は、剣先の形をした剣先スコップと、四角い形をした角形スコップがあります。硬い土のところを掘っていくには、剣先スコップが適しています。

また、柄が木のものと、金属製でパイプ状になったものがありますが、木のものを選びます。柄が金属製のものは、滑りやすく、しなりがありません。柄が木のものは、滑りにくく、しなりがあります。柄が折れたとしても交換することができます。

スコップも鎌や鍬と同様、泥をふき取ってから、直射日光の当たらない場所に保管します。

これらの三つの道具が自然農の作業に必要な道具です。道具は、いいものを選び、大切に使っていきます。

*

その他、よく用いる道具として作付け縄、木槌《きづち》、箕《み》などがあります。田植えの時には、苗箱や物さしを用います。稲刈りの時には、束ねた稲を干すための稲木《いなき》や打ち込むための木槌が必要になります。脱穀の時には、足踏み脱穀機、唐箕《とうみ》、ふるい通しなどを用います。収穫した籾を玄米や白米にするには籾すり機や精米機、小麦を製粉するには製粉機が必要になります。

苗を入れた苗箱を引きながら苗を植えていく。株間の目安として物さしを用いる

昔ながらの足踏み脱穀機、唐箕は、リサイクルショップなどで手に入ります。性能は少し落ちますがアルミ製で軽いものであれば、現在でも購入することができます。

作付け縄

田植えの時、あるいは種蒔きの時、溝を掘る時など、作業の目安のために作付け縄を張ります。作付け縄にはシュロ縄が適しています。

苗箱・物さし

田植えの時に用います。田植え時に、箱に苗を入れて運び、箱を引っ張りながら草を倒し、箱から苗を取り出し、植えていきます。

物さしは、木の棒や篠竹に、株間となる間隔を印し、田植えの時の目安とします。

木槌

木槌《きづち》は稲木の足や支柱を打ち込む時に用います。また、麦の脱穀や稲の脱穀の時にも用います。

昔ながらの足踏み脱穀機

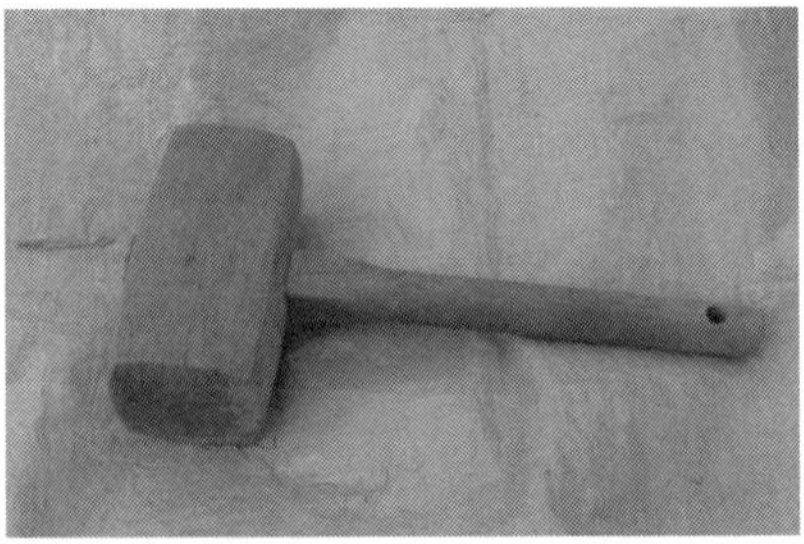

支柱を打ち込んだりする時に使う木槌

実とワラくずなどを選別する唐箕

畝づくりや苗の植えつけ時に用いる作付け縄

稲木

稲木《いなき》は稲刈りのところでも詳述していますが、稲を刈って束ね、稲を掛けて干すための道具です。地方によって呼び名が異なり、稲架《はさ》（はざとも言う）、稲機《いなばた》などとも呼ばれています。大和盆地では稲を掛ける横木を竿、竿を支える棒を足と言い、杉や桧の間伐材を用います。

足踏み脱穀機

足踏み脱穀機は、脱穀の際に用いる道具です。足踏み板を足で踏むことによって、U字型の針金のついたドラムが回転し、稲穂についている籾をはじき飛ばし、とり離します。

唐箕

唐箕《とうみ》は、脱穀した穀粒に混じっている粃《しいな》（籾殻の中に実が入っていないもの）やワラくずなどの夾雑物《きょうざつぶつ》を取り除くための道具です。ハンドルを回して風を起こし、ワラくずや粃を飛ばし、実を選別します。

箕

箕は手で風を起こして実と殻を選別する道具です。唐箕に対して手箕《てみ》とも言います。

手箕の使い方は、選別するものを中に入れ、それを空中に放り上げ、自然の風や箕が起こす風で、粃やくずなど軽いものを飛ばし、重い実の入ったものを箕に残して選別します。籾や穀物などを入れて運ぶためにも用います。

なお、小石や土を入れて運ぶための頑丈な箕を石箕《いしみ》と言います。

箕は竹で編んだものが多く、木の皮、プラスチックでつくられたものもあります。輸入されたものも多く、つくりのしっかりしたものを購入します。

実と殻を分けたり、運んだりする箕

ワラくずと籾を選別するふるい通し

ふるい通し

ふるい通しは、脱穀の時にワラくずと籾を選別するための道具です。籾が落ちる程度の目の粗いものを用意します。大きなものの方が作業効率がよいでしょう。

籾すり機

籾から籾殻を外し、玄米にするための機械です。十分に乾燥した籾を籾すり機にかけます。少量でも利用できる家庭用の電動籾すり機を使います。

精米機

玄米を白米にするための機械で、籾すり機同様に家庭用の電動精米機が販売されており、食べる時に必要な分量を精米することができます。

理にかなった道具の使い方

農作業では、理にかなった身体の使い方、心地のよい心身の治め方をして、仕事を進めてゆきます。どのような道具を扱うにしても、無理な体勢ではおこなわないようにします。

基本は、肩や腕に力を入れすぎず、上半身を軽く、身体の中心（丹田*）に力を充実させます。動きとともに下腹部の充実した力が道具に伝わっていくのを感じながら、自分がその方向付けをして道具に働いてもらうような心もちで作業を進めていきます。

　慣れないうちは、思ったように道具を扱えず、身体を思うように動かせず、作業ははかどりませんが、経験を重ねるなかで次第に道具の扱い方を身につけていきます。そのためには、道具の特性を理解しながら、一つひとつの作業をていねいに進めます。呼吸を乱さず、身体の動きと呼吸を合わせ、無理なく効率よく身体を動かしていきます。


〈丹田〉

　丹田は、臍下三寸にあるとされています。ここは、宇宙の根源エネルギーである気をたくわえるところです。丹は気のエネルギーが蓄積されて赤く輝いている状態、田はそのエネルギーを生みだす場を表します。また元々「気」は「氣」と表され、語源には諸説がありますが、「天地の間を充たし、生命現象や生命の元となると考えられているもの」（漢語新辞典・大修館）とされています。

「精」という字には、「生命の根源」「万物を生成する陰陽の気」（前出）という意味があるとされています。古典医学で示されるいのちの根源となるものに、米や田の字が用いられています。

　古《いにしえ》に生きた人々の叡智が稲作とともに、今に生きています。

鳥獣害に向き合う

いのちを養うための食料を育てるため、心はずませ田畑に立ち、自然界の営みに添いながら作物を育てます。しかし、その過程において、野山に棲む動物たちが実りを食べにやってくることがあります。労力かけて整えた田畑を荒らされ、丹精込めて育てた作物を奪われ、日々に重ねてきた作業の喜びも収穫の楽しみも、一瞬にして消えてしまいます。

厳しい自然界の現実

すべてのいのちは、大いなる自然界の恵みに生かされると同時に、自分のいのちは自分で生きなければなりません。私が生きるための食べものは、自分で確保していかなければなりません。そのためには、厳しい自然界の現実と向かいあい、しかるべき対策を講じていかなければなりません。

被害の大きな野生動物

注：身近な野生動物が作物を荒らすのを食い止めたり、棲み分けたりするための手だてが必要

野生動物たちも、生きるために食べ物を求め、山から下りて、田畑に入ってきます。少々のことでは、ひるみません。野生に生きる動物たちは、人の思いや考え、行動を察知しており、人のいないすきをねらって、繰り返し侵入してきます。

田畑を荒らすことは決して許さないという毅然とした心構えと、実質的に有効な対策をおこなっていくことが必要です。

捕獲檻と防御柵

野生動物による農作物の被害は、年々増加していると言われており、多くの農家の方が生産意欲をそがれ、思うような生産ができなくなってきています。

基本のあり方は、野生動物が里に下りてこないような環境づくりを、地域をあげてすることです。それでいて、里まで下りてきた動物を、水際で食い止める必要があります。それが捕獲檻であり、防御柵です。

被害の大きな野生動物として、猪、鹿、猿、その他にもアライグマやアナグマ等がいます。鳥による被害もあります。

●捕獲檻

捕獲用の檻の設置には、行政地域での取り決めがあります。役場や猟師さんの許可が必要で、動物がかかれば、猟師さんに処理してもらうことになります。狩猟期間中は檻を設置できない地域もあります。檻は、野生動物の通り道近辺にしかけますが、動物も用心深く、簡単には捕獲できません。檻の設置にも熟練した知恵と技術を必要とします。

●防御柵

防御柵には、電気柵、トタン、ネット、ワイヤーメッシュ、金網などを用いたもの、それらを複数用いたものがあります。それぞれに特質がありますので、今後修繕が必要になってくることも視野に入れた上で、目的に合わせて選択します。

電気柵　電気柵は、設置が容易にできます。電気ショックを与えて、学習効果による働きを期待したものです。うまく設置できれば、効果があると言われていますが、こまめな草管理や点検が不可欠となります。

また、山の棚田などの斜面や凹凸のあるところでは設置に工夫が必要となります。構造は簡単なものなので、いったん突破されれば、繰り返しやってくることもあります。

トタン柵　トタン柵は、実質効果と目隠し効果を用いて、野生動物の侵入を防ぎます。凹凸のある地形では、設置に工夫がいります。低ければ、容易に突破されますので、高さにも工夫が必要です。

ネット柵　ネット柵は、ネットに動物の脚や身体が絡まることを嫌がる性質を利用した柵です。設置は簡易で、凹凸のある土地にも対応できますが、構造は弱いものですので、容易に突破されることもあります。必要に応じて管理と修繕をおこないます。

ワイヤーメッシュ柵　ワイヤーメッシュ柵は、強度は高く防御効果がありますが、鋼線一本一本はもろいとこ

ワイヤーメッシュ柵設置の例

猪・鹿・猿対策の柵の例

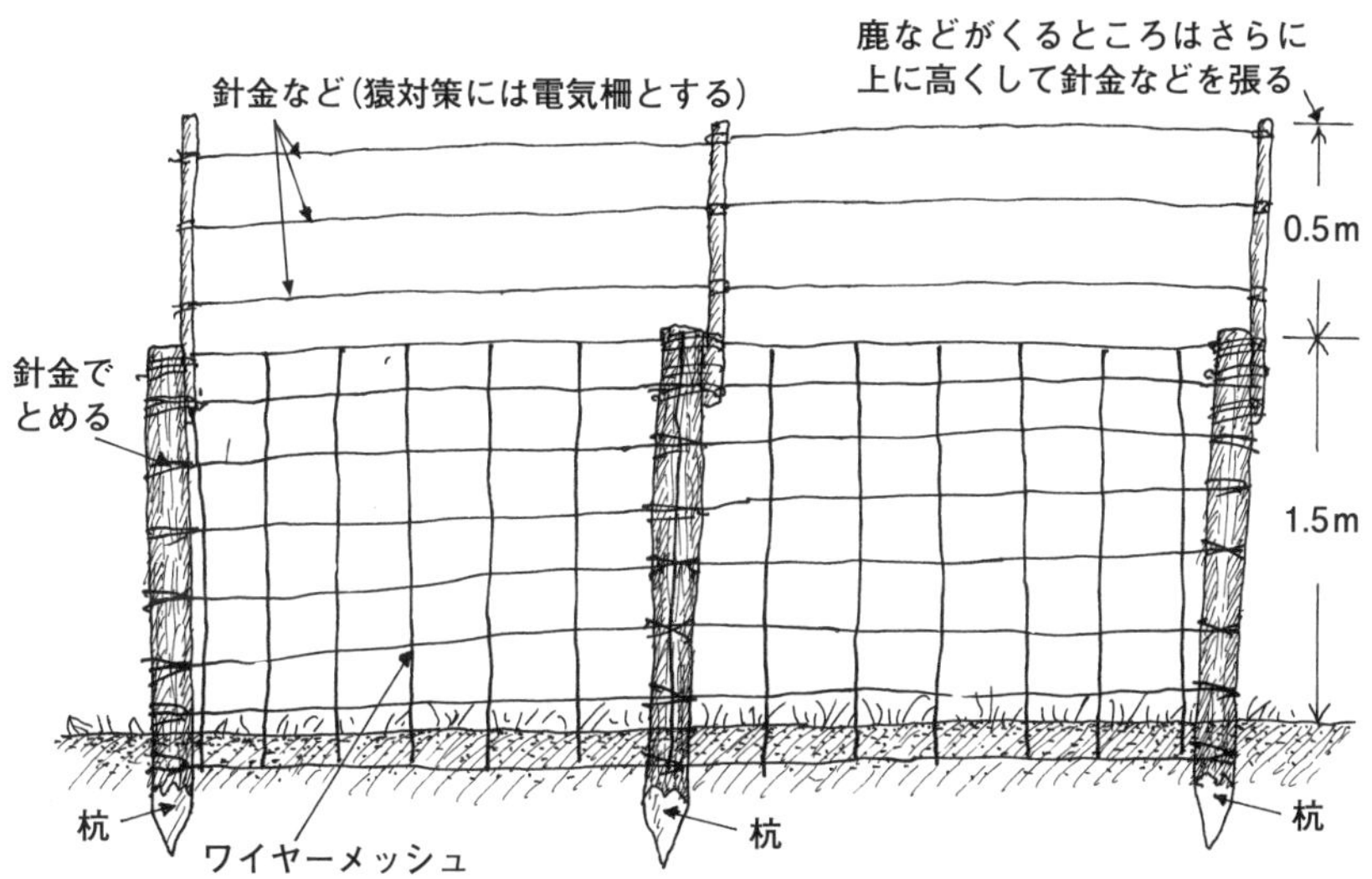
鹿などがくるところはさらに
上に高くして針金などを張る
針金など(猿対策には電気柵とする)
0.5m
針金で
とめる
1.5m
杭
杭
杭
ワイヤーメッシュ
ワイヤーメッシュは下から穴を掘ってくぐら
ないように、地面に少し埋めるくらいにする

ろもあり、溶接がはがれることもありますので、扱いに注意します。

＊

動物によって、必要となる柵の高さに違いがあり、猪には１・５ｍ、鹿には２・５ｍの高さが必要になります。動物の特性も異なりますので、防止効果の高い柵を設置します。例えば、ワイヤーメッシュと電気柵の複合柵にすることで効果がある場合もあります。設置する際には、立てる場所や立て方のコツを得て、効果のある防御柵にします。

しかし、柵を設置したとしても、それで安心というわけでは決してありません。動物たちも、工夫をこらして中に入ってこようとします。折々に柵を点検し、修理が必要な箇所は修繕し、さらに対策を講じていく必要も起こってきます。

田畑で作物を育てる以外に、こうした動物害への対策には、それなりの時間、費用、そして体力や気力も必要となります。

広い視野から、その原因を見つめ、人と野生動物が里と山に棲み分けできる環境づくりを進め、さまざまな問題を解決するべく、日本の国が一つとなってよい答えを出していけますことを心より願います。

田畑の恩恵と鳥獣害

農にたずさわって生きていくなかで、さまざまな恩恵によって生かされ育てられると同時に、自然界から受けるさまざまな厳しい出来事にも対応していかなければなりません。

獣害や鳥害もその一つですが、台風で稲が倒されたり、大雨で土手が崩れたり、橋が流されたり、雨が降らず水不足となったり、雨が降り続いて低温で稲が実らなかったり、病虫害に侵されたり……。人生と同様に、田畑でも予測のつかないことが起こってきます。

波板トタンの上に番線を張った防御柵

野生動物追い払い犬の案内板（三重県名張市の赤目自然農塾付近で）

不意の出来事に自然界の厳しさを感じ、心がくじけそうになることもあります。しかし、越えられない問題はやってきません。どんなことが起こっても、あわてず、あせらず、あきらめず、起こっている事実をまっすぐに見つめていれば、時とともに答えが見えてくるはずです。

努力するべきことは、浮かんでくる否定的な思考に距離をとって眺め、肯定的な思考に切り替えていくことです。たとえ、どのような失敗をしたとしても否定的にとらえることは一切ありません。失敗は成功のもとです。一つ失敗すれば、一つ成功に近づいていきます。

どんなことがやってきたとしても、それに左右されることのない平安が心のうちにあります。それを見失わないように最善の答えを出していきます。

起こった出来事を真正面から受け止め、誠実に対応していくことによって、忍耐と勇気を養い、さらに豊かにたくましく育っていくことができるのです。

第２章

自然農の田んぼを整える

中山間地の棚田（兵庫県・淡路島のもみじの里自然農学びの場）

田んぼの自然条件

田んぼとの出逢い

お米を自分の手で育てたい……。

自然農で育てた健康なお米を大切な人に食べてもらいたい……。

自らのうちに生まれてきた神聖な思いが、形を表していく田んぼとの出逢いに心がはずみます。ふさわしい時と場を得て、新たな営みが始まっていきます。

これから田んぼを探すならば、何を基準に判断していけばよいのか、目安となるものをいくつかあげてみます。

稲が健やかに育っていくためには、田んぼの環境として必要な条件があります。

日当たり

地球に住む多くの生命は、太陽の恵みを受けるなかで、自らのいのちを養っています。稲も健やかに育って次の子孫を残していくには、太陽から届けられた光と温度が必要になります。

晩生《おくて》の稲は生育期間が長く、開花結実までに十分な日照時間と温度を太陽から受け取って実ります。日当たりの良くないところや寒い地方では、品種を選択しないと最後まで結実しないことがあります。

田んぼを選ぶ場合は、まずその地域の気候を考慮します。冷涼な地であるのか、温暖な地であるのか。霜が降りるのはいつ頃か。積雪はあるのかないのか。雪解けはいつ頃か。山間部か、平坦地か。雨が多いか少ないか。日照時間はどうか。平均気温はどうか……。

平野部では、周囲にある建築物や木々の影にならないかを確認します。山間部では、田んぼの方位、周囲の山や木々との距離や高さ等によって、日照時間が大きく異なってきます。日の出の時刻と方位は季節によって変わりますので、稲にとって太陽の恵みが必要な夏の期間に、どれだけの太陽の恵みがもらえるのかが大切です。周りに木々が多くある場合は、伐採することができるのかなども見ておきます。

日照については、稲の生育に大切な朝日の恵みが届くところ、遅くとも朝9時頃には朝日がさすところがよいと考えます。

風通し

どのような作物も新鮮な空気が運ばれてくるところで育っていきます。空気が淀み停滞するところでは、十分な生長ができず、病虫害が起こりやすくなります。風が通って、常に新鮮な空気が巡ることは、作物がよく育つ条件でもあります。

地形、周りの木々、山々との関係などによって、風が通っていく道があります。風の通り道を感じ、空気が淀み停滞しやすいところがないかどうか、あれば改善できるかどうか、などを見てみます。また、反対に風が強い地域では、木々によって風から守られていることも大切な視点となります。

水路から田んぼへ水が入り、田んぼを巡り、余分な水は水路に落とす

水の確保

水は地球上に住むどの生命にとっても欠かせないものです。稲も、田植えから結実の時まで、水の恵みを得て育っていきます。

田んぼを新たに始めるにあたって、田んぼまで水を引くことができるかどうかを確認します。水源はどこか、水路はあるのか、どのような経路で水が入ってくるのか、どのような水か、生活排水と分かれているのか、溜め水か湧き水か、水温はどうか等を調べておきます。

平野部の灌漑設備が整っている水田では、それほど多くの準備はいりません。山間部などで、長い間作付けされず放置されている田んぼでは、かつて水田として使われていたのかどうかを確認します。水田として使われていれば、水を引く設備が残っている可能性がありますので、田んぼの周囲を確かめてみます。

また、水源にどれだけの水があるのかも確認します。長い間放置されていたところでは、水源の水が涸れていたり、水路が断絶していたり、なくなっていることもありますので、水が確保できるかどうかを確かめ、田植えまでに水路を整える必要があります。

水の引き入れ方は、地域によって異なり、地形や水源、水量などに応じて工夫されてきました。川から直接水を入れる、川や溜め池から用水路を使って水を入れる、湧き水を引き入れる、などさまざまですので、地主さんや近所の方に尋ねておきます。

稲作においては、水はとても貴重なものです。先人の方々が苦労を重ね、水源と用水路を整えてくださったおかげで、今に生きる私たちは、その恵みを受けることができます。農家の方々は、大切な水を分け合うべく、水源や水路の整えを共同でおこない、水の使用に際して決まりごとをもうけています。

例えば、水を通す期間、水を入れる順序や時間帯、水を入れる役目の人、水の使用料、共同作業等々の決まりごとがあります。それに添って水の恵みをいただくことになりますので、水利権を取得するための手続きをして、地域の方々に協力していきます。

山間部で川の上流の水を入れたり、湧き水を入れるところでは、清らかな水の恵みをいただくことができますが、水温は冷たくなります。下流地域では、水に含まれた養分は多くなり、水温は上がりますが、生活排水なども含まれてきます。水温や水質、水量が稲の育ちに大きく影響しますので、どのような水が田んぼに入ってくるのかを確かめておきます。

豊かな土

かつて水田に使用していたところであれば、先人がすでに整えてくれていますので、どのような土であるのかは特に問題になることはありません。基本的に稲は土壌を選ばないと言われています。

草が多く生えていれば、生き物が息づいて豊かな営みをしていると考えます。草が少なければ、生き物の営みはそれほど活発ではないかもしれませんが、自然農に切り替えることによって、生き物たちの営みは次第に活発になり豊かになっていきます。

また、山間部の棚田等では保水力がなく、水を入れてもすぐに水が漏れていくところがあります。その場合には、あとで述べるような水を保つための工夫が必要になってきます。

耕作放棄地と慣行農法の跡地

長年、作付けされずに放置され、背の高い草が生えている耕作放棄地*、あるいは笹や木が生えているところであっても水路を確保できれば、すぐに水田によみがえらせることができます。そのようなところは、亡骸の層が積み重なって、いのちの営みが盛んとなり、大地がとても豊かになっています。

木が生えている場合は、後述するように、地上部数十cmのところで切り、幹や枝は田んぼから出しておきます。根を掘り出す必要はありません。笹や茅が生えていても、問題はありません。

水を入れることができれば、問題なく稲を育てることができますから、あとで述べる畝の整え、畔の整えを進めていきます。

慣行農法の跡地であっても、問題はありません。化学肥料や農薬、除草剤の影響が多少残っているかもしれませんが、自然農に切り替え、本来の生命活動がなされていくなかで、自ずから浄化され、いのちの営みが次第に豊かになっていきます。

〈耕作放棄地と耕地の面積〉

日本では耕地面積が減少するなか、耕作放棄地は増加しています。農林水産省の統計によれば2010年の耕作放棄地の面積は39・6万haで、1990年に比べると2倍になっています。なお、耕地面積は、2010年では454万9000haで、そのうち水稲の作付け面積は157万9000haです。

田んぼの環境と広さ

周囲の環境

田んぼに立ってみると、田んぼの周囲にある田畑、建物、山々、木々、その場の地形、水の流れや風の流れ、その土地に生きる多くの生物、長年そこで暮らしてきた人々……多くの恩恵を受け、生かされていることを知ります。

そこで豊かな自然の恵みをいただきながら平和に生きていくには、どのようにあればよいのでしょうか。自然界に応じながら、人に応じながら、私の人生を豊かに創造していきたいと願います。

田んぼの周囲の畔道は、共同の道となるので、折々に草を刈って整えます。また、土手の草刈り作業も必要となります。山の斜面に田んぼがつくられ、土手の高さが数mとなる場合は、草管理にも相応の労力が必要です。

山の棚田と平地の田んぼの比較

	山の棚田	平地の田んぼ
日当たり	・南向きの棚田であれば問題ない ・北向きでは日照時間が少ない ・両側に林がある場合も、朝陽・夕陽を受けにくく日照時間が減る	・近くに建物などがなければ、十分な太陽の恵みを得られる
水	・近くの川か沢、あるいは溜め池から水を入れる ・水は抜けやすく、掛け流しにすることが多いため、水温が低い ・清らかで山の滋味豊かな水を入れられる ・場所によっては、近隣の田んぼからの水を受けるため、農薬などが混入することがある	・先人が整備してきた用水路から水を入れる ・水保ちがよく、水温が上がる ・周囲の田んぼで使用した農薬が混入する可能性もある ・近隣に住宅があれば、生活排水が混入することもある
作業	・作業のたびに急な農道を上がり下りする ・土手の草刈り、崩れた畔の修復などの作業が多い ・細長い田んぼが多く、畔塗りの距離が長い ・足踏み脱穀機や唐箕など、大きな道具を田んぼに運ぶのに苦労する ・田んぼの形が曲がっていることが多く、畝作りなどに工夫がいる	・田んぼへ入りやすい ・足踏み脱穀機や唐箕など、大きな道具を田んぼに運びやすい ・圃場整備があった田んぼは、一枚の面積が二反三反と広くなっていることがある。また、田んぼの土を掘り返しており、いのちが豊かな営みになるまでに時間がかかることがある ・田んぼの形は単純で、作業しやすい
収量	・日照時間、水温などの問題から、平地の田んぼに比べて収量は少なくなる ・水が清らかなため、さわやかでおいしいお米になる	・川口さんの田んぼでは、反当約7俵 ・完熟したお米の本来の味
その他	・獣害があるが、自然は豊か ・耕作放棄地が多く、借りやすい、あるいは購入しやすい	・獣害は少ない ・棚田に比べて借りにくい

注：中村康博さん（赤目自然農塾主宰）作成の表をもとに加工作成

畔や土手が雨などで崩れた場合は、修復が必要となります。

　大雨が降った場合、土砂くずれや洪水のおそれはないのか、天候や季節によって周囲の環境はどのように変わるのか……。田んぼを選ぶ場合は考えられることを視野に入れておきます。具体的な対策案が浮かばなくても、ここでやっていくという覚悟をするには、さまざまな状況を考えておくことが大事です。

　また、幹線道路が通っているところでは、騒音や排気ガスの問題もあります。今は素晴らしい景観であっても、道路計画や耕土改善計画、工場やゴルフ場建設などの予定が入っていることもありますので、地元の方や役場で確認しておきます。

よく整備された平地の川口由一さんの田んぼ

段差のある山間地の田んぼや畑。静岡県の清沢塾

　隣に慣行農法の田畑がある場合や、住宅地がある場合は、周囲の方々との関係も起こってきます。慣行田では、農薬や除草剤を用いて栽培するので、そのことも視野に入れておきます。周りの方々に生かされるなか、問題の起こらない対応をしていくことが問われてきます。大切な人生ですから、私は私のいのちを生きること、やりたいと思うことをやっていくことが基本ですが、周囲の方との関係も対立的にならないように応じていきます。

田んぼの広さの目安

　自然農で稲を育て、自給自足していくには、どれくらいの面積が必要でしょうか。

　少し細かい計算になりますが、一膳にいただくご飯を5勺《しゃく》として計算すれば、3食で一日1合5勺のお米が必要になります。一年では、1・5合×365日＝547・5合で約550合＝5斗5升のお米が必要になります（1合＝0・1升＝0・01斗）。

　お米の収穫量は気温や日照時間、保水力など、その地域の気候や田んぼの条件によって異なりますが、一

面積・体積の目安(換算表)

<面積>

一畝(せ)	100㎡	1a	30坪
一反(たん)　(=10畝)	1000㎡	10a	300坪
一町(ちょう)　(=10反)	10000㎡	1ha	3000坪

<体積>

一勺(しゃく)	18ml
一合(ごう)　(=10勺)	180ml
一升(しょう)　(=10合)	1.8L
一斗(と)　(=10升)	18L
一石(こく)　(=10斗)	180L

注：①玄米は一合150gとされている
②一石（1000合・150kg）は、一年で一人が消費するお米の量の目安とされてきた。現在ではお米の消費量が減って、日本人一人当たりの一年間のお米の消費量は60kgだと言われている
③一俵は、60kgで、約4斗とされている

反（1000㎡＝10畝《せ》）当たり、玄米ベースで6〜7俵（1俵＝60kg＝4斗）と考えれば、一反6俵として一人当たり2・3畝、7俵として1・9畝の広さが必要になります。目安として2畝（200㎡＝60坪）の広さがあれば、一年間食べる一人分のお米をつくれます。

ただし、自然農の収量については、田んぼの環境等によって大きく変わってきますので、一概には言えません。平野部で日当たりが良く水の豊かなところでは、反当たり7俵以上の収穫がありますが、山間地で太陽の恵みが十分にもらえないところや保水力のないところでは、半分以下の収量ともなります。

また、作業量の目安として、平日は勤めて週末だけ自然農にかかわるとすれば、どれくらいの面積まで稲をつくることができるでしょうか。労働時間も田んぼの環境によって異なりますので一概には言えませんが、作業に慣れてくれば、女性一人で自給分の2畝、男性であれば倍の4畝はつくれると思います。

自然農の経験を重ねて作業に慣れてくれば、さらに広い面積で作付けできます。田んぼの周囲の整えや水の整えなど、多くの仕事がありますので、自然のなかでの作業に身体が慣れてくるまで、無理のない面積で確実に育てていきます。

基本の作業と道具の使い方

草の刈り方

草を刈る時は、手を傷つけないように手袋をします。鎌がすべらないように鎌の柄、もしくは手袋を少し湿らせます。

左手で草を逆手（親指側が地面側、小指側が天上側）でつかみ、草が立っているところに鎌の刃を当てます。鎌先を地面と平行にして、鎌を手前に引きながら、同時に左手も手前に引きます

草の生え方、左手での草のつかみ方、刃の当て方と角度、鎌の引き方によって、草の切れ味が異なります。よく切れる角度や、身体に無理のない鎌の使い方を少しずつ身につけていきます。

草を刈る時には、茎と根の接点で刈るのが基本です。根っこは残しますが、茎は残さないように、鎌は地面に添うように進めていきます。

刈っていく方向は、身体を無理なく動かせる範囲で幅を決めて、身体の手前から刈りはじめ、手前が終わればその先へと、順序よく進めていきます。

向こう側の草が気になって身体より遠いところから刈りはじめたり、あちらやこちらへ行ったり戻ったりして進むと、刈りあがりにムラができ、作業効率も良くありません。無駄のないよう、手前を刈ってから次に進むことを繰り返します。

草を刈る時に手を引くタイミングがずれたり、鎌の角度や力の入れ方で、左手を傷つけることがありますので、効率の良い疲れない草の刈り方が身につくまでは、あわてずに、確実に草を刈っていきます。

鎌の扱い方に慣れていない場合、あるいは正しい角度で鎌を扱えない場合には、笹などの硬い茎の草を刈る際に、刃の一部が欠けたり、刃先が曲がったりすることがあります。

鎌に負荷がかかった状態で使っていることになるので、鎌を草に当てる角度や鎌を引く角度、左手の草のつかみ方や姿勢なども工夫して、身体に無理のない使い方を身につけていきます。

草を寝かせる

田畑のなかでは、刈った草はその場に寝かせるのが基本です。根っこは地中で、茎葉は地上で朽ちさせます。刈った草をその場に置いておくことによって、太陽の光が入らず、湿りが保たれ、微生物や小動物の生命活動が盛んになっていきます。草が朽ちてゆく過程で、下の土はフカフカになり、次のいのちをはぐくむ豊かな舞台となっていきます。

畔道や土手では、刈った草をそのまま、その場に置いておくと、草が朽ちてゆく過程で土がフカフカになり、畔や土手が崩れます。刈った草は田畑のなかに入れるか、どこかに集めて朽ちさせてから、生命力が弱くなっている場所、あるいは養分を必要としている作物の足元に返します。

●畔草の手入れ

畔道の草は、年3回（田植え前の5月、田んぼの草刈りが終わったお盆過ぎ、稲刈り前の10月頃）刈って、手入れをします。畔道は草の根で保たれていますので、草を刈って手入れすることで畔道が丈夫になります。畔道や土手の草を刈って手入れすることは、田畑で育つ作物が空気や光の恵みをもらうのにも大切なことです。草が生え放題の畔道では、歩くのにも危険です。畔道の手入れは怠らないようにします。

また、大和盆地では土手（斜面）の草は、下の田んぼの人が刈るという決まりごとがあります。その地域での決まりごとがわからない場合は、隣の田んぼの方と確認しておきます。

●草の働きをもらう

自然農では、草を敵としません。草とともに生き、草の恵みを得て、作物が育っていくのが基本です。しかし、作物が幼いうちは、他の草に作物の生長が妨げられないように草をていねいに刈ります。

畑の草を刈る時機は、作物との関係で見定めていきます。作物の種降ろしや苗の植えつけ時、あるいは作物が幼い時や草に負けそうになっている時には、作物の足元や周囲の草を刈ります。

その他畝立てする時や畝を修整する時には、草を刈ってから整えます。作付けしない時には、基本的には草を刈る必要はなく、草を生やしたままでその土地の自然の営みに任せておきます。

多くの作物は、日当たりや風通しのよいことが育つ条件になります。草に負けそうになっていれば、光や風が届くように草を刈って作物の生長を助けます。

左手で草をつかみ、鎌を手前に引く

手前の草を刈って前に進んでいく

一方、作物の周りに草があることで湿りを保つ働きをしていますので、夏の強い日差しに作物がさらされてしまうような場合、あるいは雨が何週間も降らないような場合には、草を刈りすぎないようにします。

このように、作物の生長に応じ、天候に応じて、草を刈っていくことが基本です。ただし、作物が発芽してしばらくの間、あるいは苗床では草を刈らずに抜きます。

草は敵でなく、草の働きをもらって、作物が育っていきます。ある程度作物が大きくなれば、草とともに生きていきます。草はその場の虫たちをも生かしていきます。その場にふさわしい他のいのちとともにあることが、自然界本来の姿です。

鍬の扱い方

右利きの人は右足を前に出します。右手を前に、鍬の柄のなかほどを持ち、左手を後にして柄の後ろ端に近いところを持ちます。右手は軽く添えるだけで、基本的に左手に力を入れて扱います。

鍬の重みを利用して、土のなかに鍬の刃の尖端を入れます。

左手で大きく動かしながら、右手で細かい制御ができるようにします。鍬を振り上げて降ろす時には、左手に力を入れます。差し込む角度、土を削る角度などの細かい制御を右手でおこないます。身体は、重心をやや落として、下腹部・丹田の力を使って鍬を扱います。

進む方向は、種を降ろす蒔き溝をつくる、あるいは表土を薄く削る作業の時には、削りながら後ろに下がっていきます。後ろに下がりながら、削った溝の曲がり具合、削り取った厚み等を確認して作業を進めます。削った草と表土は、次の作業のことを考えて、蒔き溝の横に置いていきます。

土の表面を耕していく作業の時には、耕しながら前に進んでいきます。土に鍬を浅く入れ、軽く耕し、前に進みながら作業を進めます。

耕したあとに、土をならしてゆく場合は、再び後ろに下がりながら、鍬を引く動作とともに、平らになるよう土を均等にならしていきます。

硬い土をほぐしたり、細やかな土にしていく場合には、鍬の背を用いたり、刃の側面を用いて、土を砕いていくこともあります。

鍬を振り下ろしたり、鍬を引く動作の際、手元がぶれると、鋭利な刃先で、自分の足を傷つけてしまうことがあります。作業の際には長靴をはき、余分な力が入らないよう、また無理のない姿勢で、鍬が扱えるように経験を重ねていきます。

鍬の重みを利用し、土中に鍬の刃の先端を入れる。重心をやや落として鍬を扱う

畝はそのまま使い続ける

自然農では、「耕さない」ということを基本の理の一つとしています。耕さないことによって、いのちの営みが活発になり、豊かないのちの恵みを得て、作物が健やかに育っていきます。

新たに畝をつくる時には、スコップや鍬を用いて土を動かしますが、一度つくった畝はそのまま使い続けま

鍬の選び方・扱い方

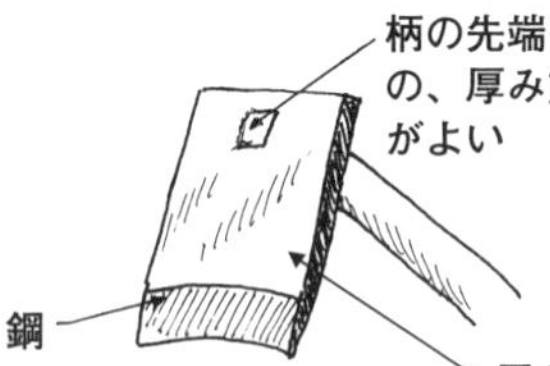
柄の先端の出ていないもの、厚み重みのあるものがよい
鋼
刃の表面が平らなものがよい

〈鍬の角度と用途〉

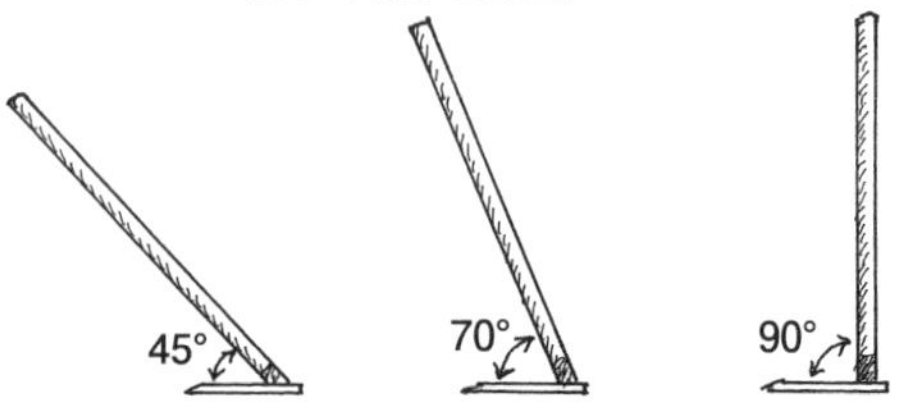
45°
溝の土をさらう
70°
どちらの用途にも用いる
90°
耕す

す。溝が浅くなったり、畝が崩れてきた場合は、溝を掘り直し、畝を修正します。

　種を降ろす時に必要に応じて地表面を軽く耕すことがありますが、畝全体を耕すことはしません。種を降ろすところを軽く耕す目的は、表面の草や宿根草《しゅっこんそう》などを取り除き、土が硬い場合には空気の通りを良くして根の張りを良くするためです。

　人類の歴史のなかで、いつから耕しはじめたのかはわかりませんが、耕すは「田返す」から来ており、田畑の土を掘り返す意味だと言われています。耕す目的は何であったのか、耕すことに多くの労力をかけ続けてきた意味は何なのでしょうか……。

　その理由として、作物が育つ場を整えるため、除草し、宿根草の根を取り、石を取り除いて、根の張りを良くし、また、空気の通りを良くして排水を良くし、水田においては耕して土を練ることで保水力を高めてきたと考えられます。

　自然農においては、必要のないところは耕しません。耕さないことによって、その場の生物たちの営みが活発になり、土中の空気の通りが良くなったり、水はけ、水持ちが良くなっていきます。そして、耕すための労力と時間から解放されます。

スコップの扱い方

左右どちらかの手、あるいは両手で、グリップをしっかりと握ります。土を掘り起こしたいところにスコップの刃先を当て、刃の肩に足をかけ、体重移動によって土にスコップの刃を差し込みます。差し込む角度は70度前後が目安です。差し込んだら足を元に戻して、手でグリップを握り、反対の手で柄を握り、テコの要領で掘り起こし、土をすくい、必要なところへ置いて、後ろへ進んでいきます。

　土が硬い場合や笹の根などが張りつめてスコップが差

スコップの刃の肩に片足をかけ、体重をかけることによって刃を土中に差し込む

し込みにくい場合は、刃の肩に足をかけ、足を離さないよう、大きな体重移動によって土のなかに差し込みます。

スコップの刃の肩に飛び乗ったり、蹴り込んで、深く差し込もうとするのは危険です。スコップの刃から足へ反作用による力が返ってきて、足を痛めます。また足が滑ると、怪我につながります。太く硬い木の根等があり、スコップだけで切れない場合には、無理をせず、周囲の土を出し、根を鎌やのこぎり等で切ります。

スコップはテコの要領で土を掘りますが、無理な角度で負荷がかかりすぎると、柄が折れることがあります。土が重すぎたり、木の根っこなどで負荷がかかり過ぎる場合は、いったんスコップを抜いて、少しずつ掘っていきます。

力のない方は、一度に扱う土の量を少なくすれば扱いやすくなります。スコップですくう幅を小さくし、少しずつ土を運ぶなどの工夫をして、身体に負担のかからないように作業を進めます。

畝をつくる時のスコップの扱い方

畝をつくるため、溝となるところに目印のロープを張ります。このロープに添ってスコップで切り込みを入れていきます。この切り込みを入れる作業の際に、溝に対して平行に立って作業する場合と、垂直に立って作業する場合があります。

畝の上を踏み固めないため、また、作業効率の点から、基本的には溝に対して垂直に立って作業を進めます。スコップ作業に慣れない場合や、水が溜まって足元が悪い場合などは、溝に対して平行に立って切り込みを入れていきます。

切り込みの入れ方は、ロープに添って、溝となる左側と右側のどちらにもスコップを差し込みます。溝の右側に差す場合は右足を使い、左側に差す場合は左足を用います。片側に3カ所ぐらいずつ切り込みを入れれば、反対側にも同様に3カ所ぐらい切り込みを入れます。切り込みを入れた分だけ、スコップを手前に差し込んで土をすくい上げていきます。

すくい上げた土は、両側の畝に均等になるように交互に上げていきます。この動作を繰り返しながら、後ろに進んでいきます。溝の全体の姿を目で確認しながら、少しずつ仕上げながら作業を進めていきます。

畝と畝の間の溝の幅はスコップ幅（30㎝程度）、深さはスコップの高さ（30㎝程度）を基本としていますが、その土地の形状や湿り具合等に応じて、溝の幅、溝の深さを決めていきます。溝の深さが畝の高さとなります。

田んぼを整える

田んぼでは、夏には水を入れて稲を育て、冬には水のない乾燥したところで麦を育てます。稲作の裏作には、麦の他、タマネギ、菜種やレタスなどの冬から春にかけての葉物野菜やエンドウ豆などを作付けできます。

水田を整えるにあたって、初めに4ｍごとに溝を掘り、平らな畝*（平畝）をつくり、稲が育つ場を整えます。田んぼの周囲の畔の内側にも溝を掘って、水が全体に行き渡るように整えます。そして、水を保つための畔*道も整えていきます。

慣行農法では、溝を掘ることなく、畝もつくることなく稲を作付けしますが、自然農の場合は、夏の期間の水量の調整のため、また、空気の通りを良くして根の張りを良くするため、あるいは裏作の麦の作付け時の排水をはかるために、水田でも畝立てをします。

〈畝〉

目印のロープを張り、スコップで切り込みを入れる（写真は苗床の溝を掘っている）

切り込みを入れたところにスコップを差し込み、土をすくい上げていく

苗床の溝土はあとで元の場所に戻すことになるので、ブロック状に並べている

作物を育てる場所。周囲に溝を掘り、土を盛り上げているところ。

〈畔（畔道）〉

水田の境目にあたるところ。畔によって田んぼの水が保たれる。また、作業時の通り道ともなる。

田んぼの畝づくり

田んぼの平畝のつくり方のポイントを次に列挙します。

•田んぼに生えている草を刈り、刈った草をいったん田んぼの外に出します。

•田んぼの形と方角から、畝をつくる方向を決めます。稲に東からも西からも太陽の光が当たるように、南北に長く畝をつくるのが基本ですが、水が回りやすく、作業が進めやすいよう、地形や田んぼの形に応じて畝をつくる方向を決めます。

•畝の方向が決まれば、4ｍおきに溝をつくっていくため、溝を掘る位置の両側に目印のロープを張ります。ロープに添ってスコップで切り込みを入れ、切り込みを入れた間の土を掘り上げます。掘り上げた土は溝の両側の畝の上に振り分けます。畔道が畝より低ければ、溝の土は畔に運び、畔道を整えます。

•田んぼの中の畝の全体が同じ高さになるように畝の上に置いた土を鍬で砕きながら広げて、高低差のない平らな畝に仕上げます。この時、土がぬかるんでいる場合は、土を細かく砕くことができませんので、土を掘り上げたまま置いておき、後日、土が乾燥してから細かく砕き、平らにしていきます。

•畝の高低差を目で見て確認しておきます。畝のなかで高低差があれば、水を入れた時に水があるところとないところができて、稲の育ちが不揃いになります。また、畔道の高さと畝の高さも確認しておきます。水を入れる水田においては、畔道が畝より高くないと水を保つことができません。

•溝を掘り、畝ができ上がれば、必要に応じて米ぬかを振りまき、外に出しておいた草を畝の上に戻します。草は均等に振りまき、表面の土が露出しないようにすることが大切です。

•田んぼの土には、地表面から数十㎝の耕作土を入れていますが、その下には水を保つために土を突き固めた鋤床《すきどこ》層があります。溝を掘る時には、この鋤床まで削ってしまうと水を保てなくなってしまいますので、耕作土のみを掘り上げます。耕作土の厚みは、田んぼによって違いますので、溝をつくる時に鋤床まで削ってしまわな

平畝づくりのポイント

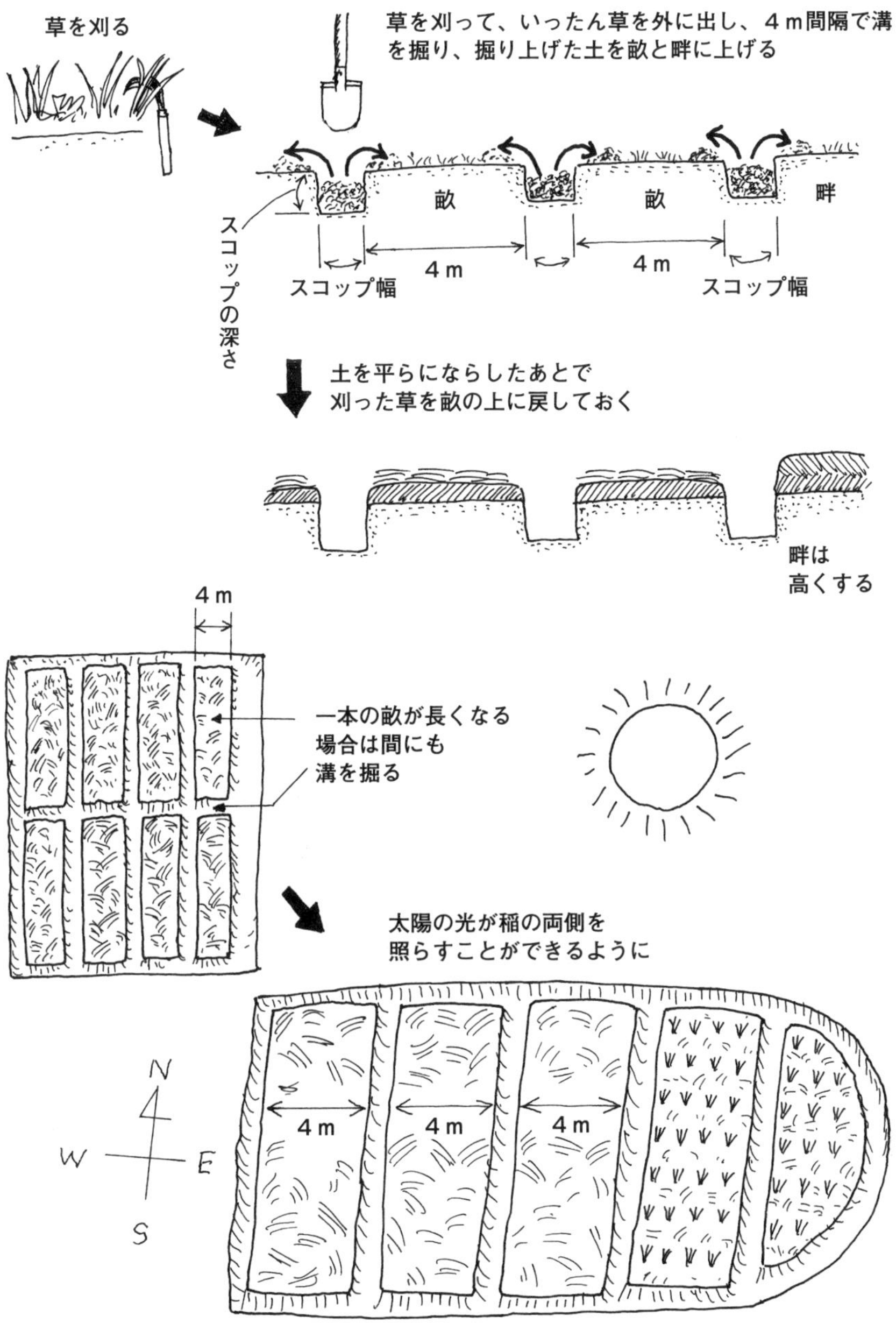
草を刈る
草を刈って、いったん草を外に出し、４ｍ間隔で溝
を掘り、掘り上げた土を畝と畔に上げる
畝
畝
畔
スコップの深さ
４ｍ
４ｍ
スコップ幅
スコップ幅
土を平らにならしたあとで
刈った草を畝の上に戻しておく
畔は
高くする
４ｍ
一本の畝が長くなる
場合は間にも
溝を掘る
太陽の光が稲の両側を
照らすことができるように
N
W
E
S
４ｍ
４ｍ
４ｍ

いように気をつけます。耕作土と鋤床では、土の色や感触が異なりますので、確認して、鋤床が出てきたら、それ以上は掘り下げないようにします。

・冬場でも水が溜まっているような湿地の田んぼで裏作をおこなう場合は、田んぼの状況に応じて、畝幅を狭くします。田んぼの乾燥具合、湿り具合に応じて、畝の幅、溝の深さを決めます。

・一枚の田んぼの広さが一反以上となるような場合や、一本の畝が長い場合には、水管理の点から、また、作業時の通路として、あるいは小麦の作付けの排水対応として、必要な溝を、畝の間にもつくります。

・畝は作物が育つところですので、田んぼの営みをできるだけ冒さないために、基本的には畝の上に乗ったり歩いたりしないようにします。

畔の整え

畝を整えると同時に、畔も整えます。

畔は、水を保つことができるように、畝より高く仕上げ、畔道の幅も広くします。畔に十分な幅をとって整えることで、水をしっかりと保ち、田んぼへの通路としての用をなしてくれます。

稲作と同時に、水田の畔には大豆を植えて育てますので、畔道の幅は少なくとも60～70㎝は確保できるようにします。また、田植え時の畔練り作業で、畔の土を20㎝くらい削ることも考慮し、畔幅を決めます。

畔を整える場合もロープを張って、同じ幅で畔道を整えていきます。畔の表面に草のついた表土を置くことによって、土が流れず、草の根が伸びて、畔道を保つ働きをしてくれます。

畔道は通路なので幅を広く確保

モグラ穴を見つけたら足で踏み、つぶす

水路の整え

水田においては稲作の期間、水を引き入れ、田んぼ全体に水を行き渡らせます。余分な水は出口から次の田ん

田植え前、田んぼに水を溜めるために土を練って畔に塗る

ぼや用水路へ落とします。水の流れを整えることは、水田においてとても大切な作業です。

•水がどこから入っているのか、どのような経路で、どこから流れてくるのかを確認しておきます。水源地から水が流れてくる共同の用水路に不備があれば、水のお世話をしている方に相談します。共同の用水路から自分の田んぼに引き入れる用水路に不備があれば、田植えまでに修繕しておきます。

•田んぼの水の入口（取水口）と出口（排水口）を確認します。長年休耕田になっていた場合には、取水口も排水口もわからなくなっているかもしれません。取水口も排水口も、不備があるなら整えておきます。田んぼ越しに下の田んぼへ水を送っていく決まりごとがある場合は、上の田んぼと下の田んぼの方に確認しておきます。

排水口を新たにつくる場合は、田んぼの地形に応じ、基本的には取水口とは反対側につくります。

排水口の整え方の一例

排水口と決めたところの畔道を、スコップで溝の深さまで土を掘っていきます。畔道が水でえぐられないように、また、排水口周辺の土が水で流されないように、U字溝やパイプなどを用いることもあります。

U字溝を用いる場合は、溝の底面の高さとU字溝の高さを調整して、水がU字溝の下や横から漏れ出ていかないように、周りを突き固めて、しっかりと固定します。田んぼに水を溜める時には、土嚢《どのう》や板を使って排水口を閉じ、水位を加減できるようにしておきます。

大雨が降った場合には、水が畔からあふれでることのないよう満水になった時の排水口の高さを必ず畔の高さより低くしておきます。また、田んぼの大きさに応じて排水口を数カ所設ける場合もあります。

湿りが多く排水の良くない田んぼでは、暗渠《あんきょ》排水をおこなっているところがあります。暗渠排水は、水田の下にしみだしてきた水を土中に埋めた素焼きの土管などを使って、田んぼの下から水を抜くしくみになっています。畔や溝をつくる時には、暗渠排水があるかどうか、確認しておきます。わからない場合は、地主さんや近所の方に尋ねます。暗渠排水があれば、水田に水を入れる時には、暗渠排水の出口に栓をして水を溜め、稲刈り前に水を抜く時には、排水出口の栓を外して水を抜きます。

図と写真で川口由一さんの排水口設置の例を紹介します。

排水口設置の例

〈断面図〉

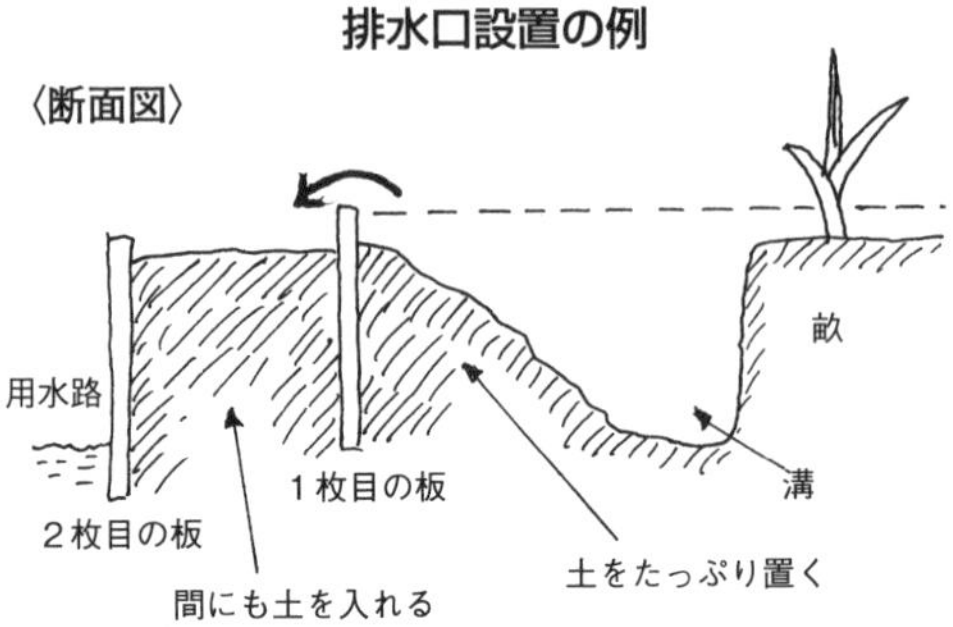
畝
用水路
1枚目の板
溝
2枚目の板
土をたっぷり置く
間にも土を入れる

〈平面図〉

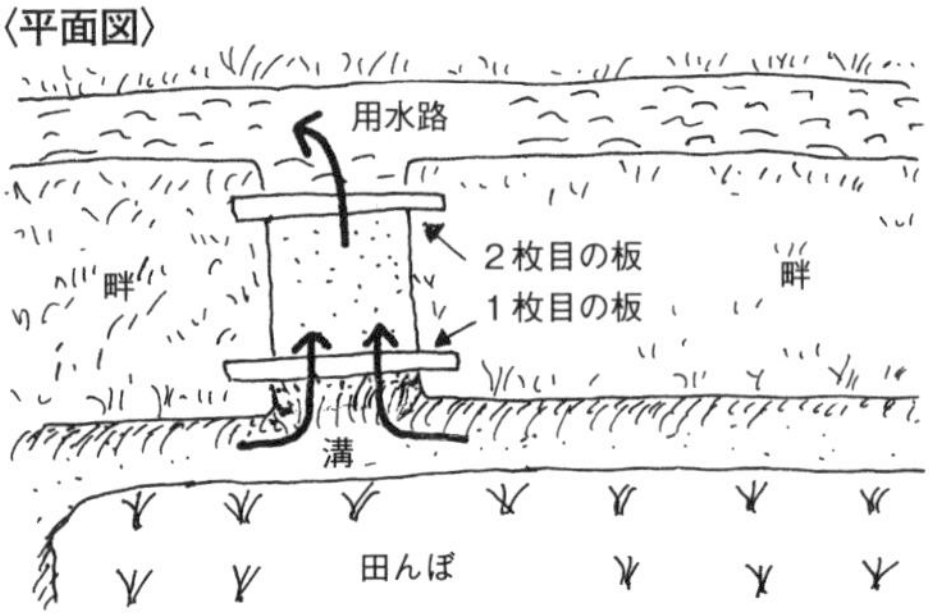
用水路
2枚目の板
畔
畔
1枚目の板
溝
田んぼ

1枚目の板を埋め込む

畔と畔の間に板で橋をかける

畑の畝づくり

かつて水田としていたところを、水田ではなく、畑地として利用する場合は、畝の幅や形が変わります。多くの野菜は、水はけが良く、空気の通りが良い土地を好みます。水が停滞しているところでは、育ちが良くありませんので、溝を掘って排水を良くして畝を整えます。

畑では、田んぼのような平畝ではなく、かまぼこ型の畝をつくります。

- 草を刈り、刈った草はいったん外に出しておきます。
- 畝の幅を決めます。畝幅は、1～3mの範囲で数種類用意し、輪作できるようにしておきます。自然農では、一度つくった畝は、つくり替えることなく、そのまま利用し続けます。

●溝の幅はスコップ幅を基本としますが、土地の乾燥具合、湿り具合に応じて調整します。湿りが多いところは溝を広く畝を高くします。また、作業時の通路になることも考慮して溝の幅を決めます。

●畝と溝の幅を決めたら、目印のロープを張り、田んぼと同様に、スコップで切り込みを入れて土を掘り上げ、両側の畝の上に上げていきます。土は、かまぼこ型となるように畝の中央寄りに上げていきます。

●土を上げ終えたら、鍬で土を細かく砕きながら、かまぼこ型の畝につくり上げます。畝の肩は、スコップで切り取ったままだと角張って崩れやすいため、鍬で畝の中央に向けて肩の土を削り取って整えます。

●畝が完成すれば、田んぼと同様に、必要に応じて米ぬかや油かすを補い、刈った草を戻しておきます。

●畑においても、雨水などが溜まらないように、下の土地に向けて溝の出口（排水口）をつくり、排水をはかります。

●傾斜地、あるいは小さな棚田などで、土がよく乾燥しているところでは、畝をつくらないで作付けすることもあります。

畑においても、畝は作物が育つところですから、むやみに畝の上に乗ったり歩いたりすることは控えます。

耕作放棄地の整え

出逢った土地が何年間も、あるいは何十年も作付けされず、耕作放棄地になっていたところは、草だけでなく、笹や雑木が生え、雑木林となっていることがあります。たとえ、雑木林になっていたとしても、生えている木や草を刈り払い、畔を整え、水を入れることができれば、すぐに田んぼに戻すことができ、一年目から作付けすることができます。

まずは、土地の全貌、土地の形状などを確認するために、一面を覆っている草や笹、生えている木を刈り払っていきます。

●手前から草を刈り取り、刈った草はいったん外に出します。

●草を刈り終えて、地面の状態がある程度確認できれば、木を倒す方向を見定めて、地上部数十㎝のところで一本ずつ切り倒していきます（木を切る作業は、危険を伴います。慣れた方と一緒に作業を進めます）。

●切り倒した木は、小屋や橋の材料、種類によってはシイタケのほだ木等として使えますが、利用する用途がない場合は、田んぼとなる場所から運び出して、場所を決めて寝かせ、朽ちてから、必要に応じて田んぼに返します。

・木の切株はそのまま残しておきます。

・笹が生えている場合は、できるだけ地上部に近いところ、あるいは地中に鎌を少し入れて一本一本刈っていきます。茅が生い茂っている場合も地上部の草をていねいに刈っていきます。笹も茅も水が入れば、生命力が衰えて死んでいくので、根を取り出す必要はありません。

耕作放棄地を整える

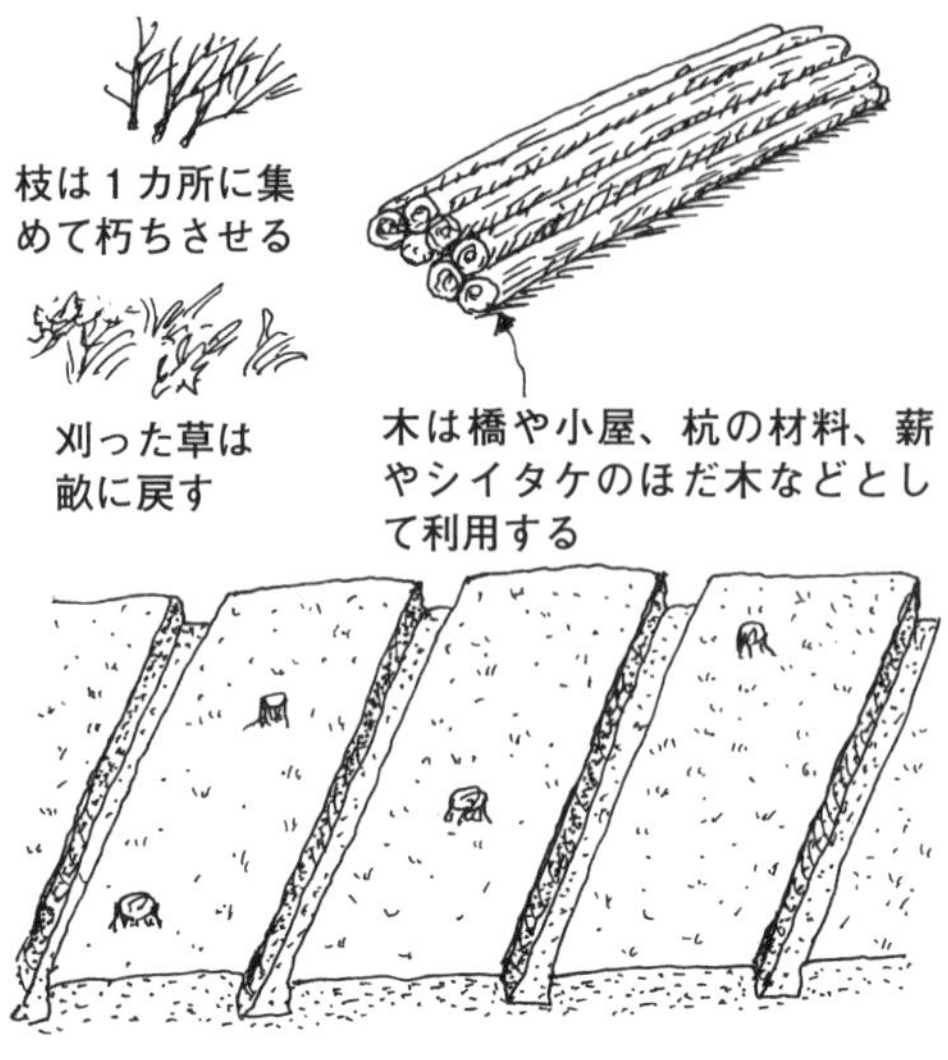
枝は1カ所に集めて朽ちさせる
刈った草は畝に戻す
木は橋や小屋、杭の材料、薪やシイタケのほだ木などとして利用する

木を取り除いて、切り株はそのままにして溝を掘る

・木と草を取り除いたあとは、先に述べた手順で畝をつくり、畔をつくり、田畑の形を整えます。畝をつくったあとは、草を元の場所に返しますが、多すぎる場合は、田んぼの外で朽ちさせてから、田んぼに返します。

・作付けする時には、他の田んぼと同じように、水を入れて田植えをします。木の切り株はそのままにして、切り株のすぐそばにも苗を植えつけていきます。しばらくは、切り株から新芽が出て、新しいいのちを芽吹かせますが、新芽をかいて、水を入れていると、やがて木のいのちは絶え、根っこを掘り起こさなくとも、自然に土に還ります。

田植え時に切り株近くに植えた苗は、初めの年は木の根があるために根の張りが悪く、分けつも少ないですが、木の勢力が衰えてくるにしたがって、たくましく分けつしていきます。やがて木の根は朽ちて、稲のいのちへと巡っていきます。

補い

その田んぼが数年間耕作放棄地となっており、多くの草が生えているところなら、これまでに草々虫たちの亡骸が重なり、養分の豊かな地となっていますので、補う必要はありません。その場合に施せば、むしろ養分過多となって問題を招いてしまいます。

慣行農法の跡地などで、草が少なく、養分が少ない場合は、土が疲弊していると考えられます。畝づくりを終えてから、冬の間に籾殻や米ぬか（畑にはナタネなどの油かす）を振りまいて、大地での生命活動の蘇りを手助けしておきます。米ぬかの量は、一反当たり200kgを目安とします。

その後も、草の様子などから、養分が低下していると感じれば、必要に応じて冬季の間に米ぬかや草を施します。しかし、補いが過ぎれば作物のいのちを軟弱にして、病虫害を招いたり、稲が倒れるなどの被害を引き起こしてしまいます。作物をよく観察し、経験を重ねるなかで、補いの必要の有無と適量の判断ができるようにしていきます。

＊

田畑の整えは、とても大切な作業です。美しく清らかな空間に整えていくことができれば、作物の育ちにも日々に作業する人の心にも良きものをもたらしていきます。「美しく整える」ことを心にとめおいて作業を進めます。

籾殻を返す

冬の間に籾殻や米ぬかを振りまく

必要に応じて米ぬかを施す

畑には油かす（ナタネ）を振りまく

第３章

自然農の米づくりの実際

苗床で健やかに育つ苗

田んぼでの年間作業

稲は、春に芽生え、秋に実り、約半年あまりで一生を全うします。稲が終われば、麦を蒔き、冬から春にかけて麦が育ちます。田んぼでは半年ごとに稲と麦が交代します。それに合わせて田んぼの整えや収穫や収蔵などの作業をおこない、季節とともに田んぼでの一年が巡っていきます。

冬の作業

春までに、田んぼの準備をします。稲が水の恵みを受けて健やかに育っていくために、畝や溝、畔などを整えます。

畝をつくり、畝に高低差があれば修整します。溝が浅ければ掘り直し、畔が崩れていれば整え直します。これらの作業は、草の背丈が伸びてくる春までに済ませておきます。

春の作業

春、4月に、種降ろしをします。作付け面積（稲を育てる田んぼの面積）に応じて、種籾を用意し、苗床をつくります。自然農では、水を入れない畑苗代《はたなわしろ》（畑状の苗床）に種籾を蒔いて、苗を育てます。

5月には、種籾から芽が出てきます。しばらくすると草も発芽してきますので、草を抜いて苗床の手入れをします。麦を育てている場合は、お天気の良い日に麦の収穫と脱穀をおこないます。また田植えが近づいていますので、水路の草刈りや掃除をして、水が田んぼに入ってくるように整えておきます。

初夏の作業

6月には、田植えをします。水路から田んぼに水を引き入れて、畔を塗り、水を溜めます。苗床の苗を一本ずつ田んぼに植えていきます。田植えが終われば、苗は太陽の光と水の恵みを受けてぐんぐん育っていきます。この時、畔には大豆の種を降ろしておきます。

夏の作業

田植えから9月末、あるいは10月初めまで、田んぼに

田んぼの暦と作業

太陽暦 月	太陽暦 日	二十四節気	雑節	田んぼでの作業
2	3		節分	
	4	立春		畝・畔の整え　道具の修繕
	18	雨水		
3	5	啓蟄		
	17		彼岸	
	20	春分		
4	5	清明		
	17	土用		
	20	穀雨		お米の種降ろし
5	2		八十八夜	（発芽期）
	5	立夏		（幼苗期）
	21	小満		麦刈り・脱穀　畔草刈り・水路の整え
6	5	芒種		田植え準備・畔塗り
	11		入梅	田植え　水管理
	21	夏至		（分けつ期）　大豆の種降ろし
7	2		半夏生	
	7	小暑		水田草刈り
	19		土用	
	23	大暑		（幼穂形成期）
8	7	立秋		（穂ばらみ期）
	23	処暑		（出穂期）　畔草刈り
9	1		二百十日	
	7	白露		
	20		彼岸	（結実・登熟期）
	23	秋分		畔草刈り
10	20		土用	
	23	霜降		稲刈り・稲掛け　麦の種降ろし
11	7	立冬		大豆の収穫
	22	小雪		
12	7	大雪		脱穀・ワラふり　大豆の脱穀
	22	冬至		しめ縄づくり・餅つき
1	5	小寒		
	17		土用	
	20	大寒		

注：①鏡山悦子さん（一貴山自然農塾）の「農事春秋」（オーピーピーカムーク第７号）をもとに加工作成
②二十四節気と雑節を中心にまとめている。太陽暦の日は、年によって一日程度のずれが生じる場合がある
③大和盆地の気候に合わせた主な作業の目安
④品種やその年の気候などによって、生長期や収穫期に違いがある

は水を入れ、稲の生長に応じて水量を調整します。夏の間の草と水の管理が、稲の生長に大きくかかわります。

7月から8月前半までは、苗が他の草に負けないように田んぼのなかの草を刈ります。草刈りの作業は、稲が茎のなかで幼穂を形成するまでに済ませるようにします。

秋の作業

8月後半から9月にかけて、穂を出して、花を咲かせます。次のいのちを宿す大切な営みの時には、むやみに田んぼに入ることなく、稲の営みを見守ります。

夏、幼穂を形成するまでに草を刈っておく

秋、稲は収穫の時を迎える

秋10月、あるいは11月、稲は完熟し、田んぼは黄金色に輝きます。稲刈りの適期です。一束ずつ鎌で刈り取り、束ね、稲木にかけ、天日に干して乾燥させます。大豆も収穫の時を迎えます。

晩秋の11月、あるいは12月には、稲木から稲を降ろし、足踏み脱穀機で籾を脱穀し、一年間の食料として収蔵します。脱穀したワラは、田んぼに返して、次のいのちに巡らせます。大豆も脱穀し貯蔵します。稲の裏作として、麦の種を大地に降ろします。冬の始まりとともにお米の一生が終わり、新たに麦の一生が始まっていきます。

本書における自然農の米づくりの実際の作業の多くは、大和盆地にお住まいになっておられる川口由一さん(奈良県桜井市)が、23年の専業農家でのご経験と、34年の自然農での稲作のご経験のなかから、明らかにしてこられた方法をもとに記載しています。

地域によって、また、田んぼのさまざまな状況によって、作業の適期や、最適な手の貸し方が異なりますので、ここに記すことは、大和盆地におけるお米づくりの基本の方法・技術として理解を進めてください。

◆春の作業
種降ろし

春。新たないのちの始まりの時、草々は萌え、木々は新緑を芽吹かせ、すべてのいのちが芽生え伸びゆく営みとなります。里ではうぐいすの声が聞こえ、春のうららかな光に包まれます。

桜の花が咲き終わる頃、二十四節気の穀雨、春の雨の恵みをいただいて、田んぼでも、お米づくりが新たに始まります。

すべての生き物は、自然界の営みと一体のなか、四季の移ろいとともに、それぞれわがいのちを営んでいきます。稲も四季の営みに応じて、芽生え、育ち、やがて開花交配、結実へと向かいます。適期に種を降ろすことによって、いのちを十全に展開させていくことができます。

種降ろしは、4月下旬から5月初旬にかけて、おこないます。

米の種類と選択

稲には、多くの品種があります。それぞれの特性にふさわしい場所で育てることによって、稲はいのちを全うし、健やかで充実したお米となります。

気候や田んぼの環境、栽培条件等を考慮し、自然農に向いている品種、あるいは用途や食味の好みから品種を選びます。

●インディカ米、ジャポニカ米、ジャバニカ米

ジャポニカ米は、日本型と言われ、日本で栽培されているお米のほとんどはジャポニカ種です。世界で生産されているお米の約2割弱がジャポニカ種で、日本や朝鮮半島、中国北部を中心に栽培されています。温暖で、雨が適度に降る地域が適しています。形は丸みを帯びた楕円形をしています。炊いたり蒸したりして食べるのが一般的で、熱を加えると粘り気が出ます。

インディカ米は、インド型と言われ、インドからタイ、ベトナム、中国にかけてと、アメリカ大陸で生産されています。高温多湿な地域が適しています。世界のお米の約8割がこのインディカ米です。インディカ米の特徴は、ジャポニカ米と比べて長細い形をしています。ジャポニカ米に比べると、粘り気が少なく、パサパサした

米の分類

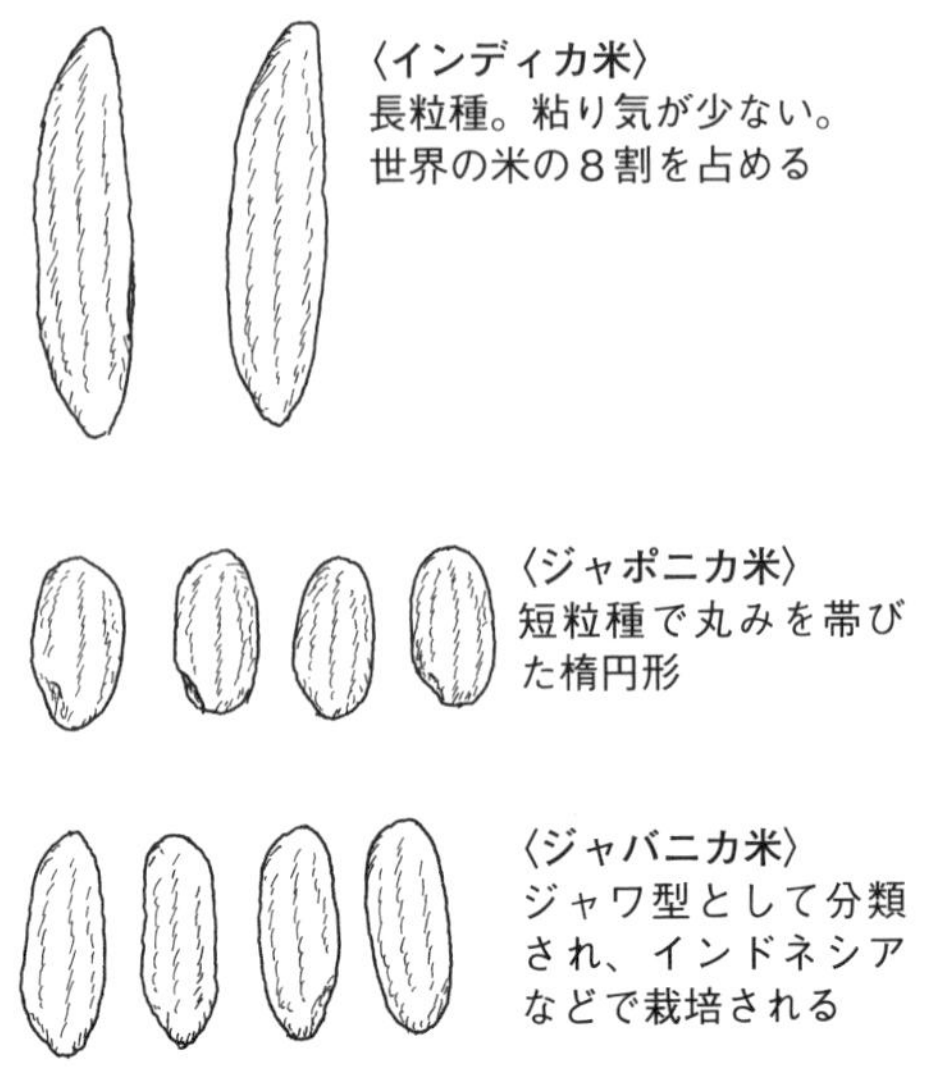
〈インディカ米〉
長粒種。粘り気が少ない。世界の米の８割を占める
〈ジャポニカ米〉
短粒種で丸みを帯びた楕円形
〈ジャバニカ米〉
ジャワ型として分類され、インドネシアなどで栽培される

感じがします。

また、近年、ジャワ型の米はジャバニカ米と分類され、ジャポニカ米より大粒の中粒種です。インドネシアや中南米で栽培されています。

●水稲、陸稲

稲は水を好む草で、水の入った田んぼで育てますので、水稲《すいとう》と言います。

一方、水が入らない畑状の土地で育てる稲を、陸稲《りくとう》（おかぼとも読む）と言います。

陸稲は、水が常時なくても育つ稲ですが、乾燥には弱く、湿り気のある場所の方がよく育ちます。水稲と比べると、分けつ数が少なく、収穫量は落ちます。

陸稲の米は、かつては、あられや煎餅の原料として、水の入らない場所、水田がつくれない地域でつくられてきました。しかし、今では、圃場《ほじょう》や灌漑施設の整備が進められ、ほとんどの地域で水稲栽培をおこなうことが可能になっています。

陸稲には、連作障害があると言われていますが、水稲では連作障害はないと言われています。田んぼに水を入れることによって、土壌の偏りを補い、正してくれるために、水稲は毎年つくり続けることができます。

●粳米、糯米、酒米

粳米《うるちまい》と糯米《もちまい》は、お米に含まれているデンプンの性質の違いで決まります。

粳米は、アミロース約20%とアミロペクチン約80%からなるお米で、粘りが少なく、半透明の粒で、日本で主食となっているお米です。

糯米は、粘りの成分であるアミロペクチンが１００%ふくまれている粘りの多いお米です。お米は、乳白色で不透明です。搗き餅や赤飯、おこわ、ちまきに用いられます。あるいは粉砕して白玉粉や道明寺粉に加工し、あられや団子の原料にもなります。

酒米《さかまい》は、日本酒を醸造する原料となるお米で、特有の品質がありますが、酒造は酒税法で規制されているため、個人では手に入りません。

どのお米も明治時代までは在来種が多くありましたが、その後、耐寒性、耐冷性、耐高温性、あるいは早熟性、耐病虫性、多収性、良食味性等々の観点から、品種改良が重ねられ、新たな品種が数多く育成されてきました。

●早生、中生、晩生

穂が出る（出穂《しゅっすい》）時期の違いによって、品種の別があります。早生《わせ》は田植えをしてから約50日、晩生《おくて》は約80日で、出穂期を迎えます。成熟期も、早生は早く、中生《なかて》、晩生と遅くなっていきます。

早生は、田植えをしてから茎葉を増やし身体をつくる営みの期間（分けつ期）が短く、晩生は、分けつ期が長くなります。

稲は、中日植物（花芽形成が昼と夜の周期に影響されない植物）とも、短日植物（昼の時間が短くなってくると花芽形成をおこなう植物）とも言われています。実際には、品種によってそれぞれの特性があり、短日になると花芽形成に入るものや、昼夜の周期と関係なく積算温度によって穂をつくるものがあり、定まっていないようです。

早生は感温性（温度に反応）の要素が強く、晩生は感光性（日照時間に反応）の要素が強いとも言われています。早生は、早く成熟し収穫時期も早くなります。農家の方々は、台風で稲が倒れる等の被害が出ないうちに収穫を済ませるため、最近では早生を作付けするところが増えています。

夏の期間が短い地域、あるいは山間地や冷涼な土地では、早生が向いています。冷涼な土地で晩生を作付けすると、実りに十分な太陽の恵み（温度）が不足して、最後まで実りきらないことがあります。

晩生は、夏の期間が長く冬の訪れが遅い地域、温暖な土地に向いています。収穫時期は遅くなりますが、ゆっくりと時間をかけて成熟するため、収量は多くなります。

また、改良を重ねてきた新たな品種は、肥料や農薬を用いることで多くの収量を得ることができるようになっているものもあります。自然農では、肥料や農薬を用いずとも元気に育っていく品種、在来種に近いものが合っています。

なお、自然農は手作業でおこないますので、稲の刈り取り時期が一斉にならないよう、早生、中生、晩生と、順に刈り取っていけるように、作業効率の観点からも品種を考えていきます。

〈二期作〉

沖縄県など太陽の恵みが多い地域では、早生や極早生の品種を用いて、二期作がおこなわれています。二期作は、一年に二度、稲を栽培することです。

〈二毛作〉

二毛作は、同じ田んぼで異なる種類の作物を栽培することで、一回目を表作、二回目を裏作と言います。表作で稲をつくり、裏作に麦や野菜をつくっているところがあります。

●黒米、赤米、緑米

古代米とも言われ、玄米の皮の色に黒や赤や薄緑色などの色がついているお米です。精米すると白米と同様になります。

赤米（糯米）

緑米（糯米）

黒米は、白米と混ぜて炊くと紫色になるため、紫黒米とも言われています。玄米の皮にアントシアニン系の紫黒色素を含み、栄養素が高いと言われています。

赤米は、玄米の皮にタンニン系の赤色色素を含み、薬効があるとも言われています。

黒米と赤米には粳米と糯米があります。

緑米は、早刈りすると薄い緑色をしています。緑米は、糯米です。普通の糯米よりも粘りがあり、甘みもあります。

野生の稲は赤米であったと言われています。赤米の稲には、禾《のぎ》（芒とも書く）のあるものが多くあります。禾のある品種は、鳥や獣が嫌いますので、獣害のあるところでは、禾のある品種を作付けすることも対策の一つとなります。

古代米の禾には色がついているものが多く、出穂の時には薄紫、紅色、白と彩り豊かに美しい姿を見せてくれます。

背丈の高い品種は、実りはじめると茎が倒れるものがあります。倒状したあとで雨が続くと、籾が穂についたまま発芽することがあります。倒伏すると収穫に時間がかかりますので、近くで自然農をされている方に、その特性を尋ねてみるのもよいでしょう。

また、各地の神社では、神田において神に奉納するお米がつくられてきました。神社によっては赤米を御神米として代々つくり続けているところがあります。

●香り米

玄米に特有の香りを持つお米です。香りは、稲全体からも発しています。

日本での栽培の歴史も古く、神饌米《しんせんまい》や祭礼用や来客用として各地でつくられてきました。

他のお米に混ぜて炊くのが一般的です。品種によっては背丈が高く倒れやすいものもあります。海外でも古くから栽培され、香り米は珍重されてきました。

＊

自然農を34年続けてこられた川口由一さんの田んぼでは、自然農を始める前からつくり続けていたトヨサト（粳米）、黒米（糯米）、赤米（糯米）、緑米（糯米）の4種類のお米を作付けしています。晩生の緑米の稲刈りは11月末から12月初めになりますが、最もよく分けつし、収量も多くなります。

自分の住んでいる地域の気候や土地の状況を知り、稲の特性を知り、また、食味の好みに応じて、品種を選びます。

長い歴史のなかで、稲は自然交配によりさまざまな変化をし、人々も、土地の気候に合ったもの、病虫害に負けない品種を求め、収穫高をあげるために改良を重ねてきました。

地域でどのような品種が適合しているのかを知るために、近くの田んぼで作付けしている品種、あるいは昔に作付けしていた品種などを尋ねてみるのもよいでしょう。近くに自然農をされている方がおられたら、栽培品種を尋ね、稲が育っている姿を見せてもらいましょう。

自然農を始める一年目は、自然農をしている方に種籾を分けていただくのがよいでしょう。

種はいのちの糧となるものです。自然農では、種を無償で分け合う心を大切にしています。

稲には、霊（魂）が宿っていると言われています。稲が育つ姿に、厳《おごそ》かで霊妙な響きを感じることもあるでしょう。神々しく美しい稲をともに育ててゆきたいと願います。

＊

参考までに奈良県近郊の平野部で、自然農で育てられている粳米の品種名、実りの時期、育成年、交配種などを紹介します。

〈トヨサト〉　中生。1960年。ハツシモ×東山38号。同年から奈良県、大阪府での奨励品種。
〈ヒノヒカリ〉　中生。1989年。黄金晴×コシヒカリ。食味極良、倒伏といもち病に注意。
〈アケボノ〉　晩生。1953年。農林12号×旭。同年から三重県、奈良県で奨励品種。食味極良。
〈ハツシモ〉　晩生。1950年。近畿15号×東山24号。同年から岐阜県、愛知県などで奨励品種。食味極良。

苗床と種籾の準備

大地に種を降ろし、稲の一生が始まっていきます。

小さく幼いいのちは、他のいのちとともに群れのなかで育つ方が丈夫に育っていきます。また、幼い間に他の草に負けないように、あるいは動植物などの食害等から守ってあげなくてはなりません。そのために、田んぼの一画に場所を定めて苗床をつくり、手厚く見守りながら苗を育てていきます。

慣行農法では、田んぼを耕し、水を入れ、土を練って苗代をつくり、数日水につけて芽出しをした種籾を苗代に降ろします。

自然農の苗代は、耕さず、水を入れず、畑状の苗床に種籾を降ろしていきます。

種籾を降ろしてから稲の刈り取りまでは、6カ月あまりの期間です。

稲の一生の3分の1の期間となる初期の2カ月間は苗床で育つことになります。昔から「苗半作」と言われ、お米の出来のよしあしは、苗の出来で半分が決まるとされています。丈夫な苗に育つように、床を整え、的確に手を貸していきます。

天候によって田んぼの土の状況が異なりますので、苗床をつくる際には、天候を見て作業をおこないます。雨が降った直後は土が粘土状となってしまい、種籾が発芽するのにふさわしい環境を整えられません。雨のあと、しばらく晴天の続いた日に作業を進めます。

種降ろしの適期

4月下旬～5月初旬。

種籾の量と苗床の広さ

稲を育てる田んぼの面積（作付け面積）を測り、田んぼに必要な種籾の分量と苗床面積を計算して求めます。田植え時、条間40㎝、株間30㎝の一本植えの場合の目安は次のようになります。
種籾の量　作付け面積一反（＝1000㎡＝300

坪）当たり、種籾５合（一合＝１８０cc）

自然農を長く続け、亡骸の層が重なり豊かになった川口さんの田んぼでは、株間を35㎝としていますので、一反当たり4合としています。

苗代の面積　作付け面積一反に対して、１m×20m（20㎡）の苗床。種籾の分量が多くなれば、それに応じて苗床面積も広くします。苗床の幅は、草の手入れができるように、両側から手が伸ばすことのできる幅とします。

〈慣行農法の種籾の量〉

慣行農法では、田植機で植えていくために苗箱で育苗します。種籾の分量は一反当たり３～４kgとされています。自然農の種籾の約６～８倍の分量となります。

作付面積1反当たり5合の種籾が必要。水に入れ、沈んだ種籾を選ぶ

種籾の選別

いのちの充実した重くて良い種籾を得るために、水で種籾を選別します。

バケツなどに水を張って、種籾を入れ、浮くものは実があまり入っていないので用いず、沈んで実のよく入っている種籾を用います。

水選した種籾は、ざるに上げて乾燥させておきます。時間があれば、目と手でさらに選別します。形が大きく、ふっくらとして、色のきれいな種籾を選びます。

〈慣行農法の種籾選別〉

慣行農法では、さらに充実した種を選別するために、塩水を用いて選別した後、発芽を促しそろえるために、種籾を水に浸し（水温10～15℃で7～10日。積算水温１００℃）、芽出しをします。自然農では、塩が種籾に与える影響を考え、また、水だけで十分に選別できますので、塩水選はおこないません。基本的には芽出しの作業もおこなわず、直接苗床に蒔き、いのち自ずから発芽する時を待ちます。

苗床のつくり方

●場所を決める

田んぼのなかで、苗床に適した場所を選びます。湿りすぎず、乾燥しすぎず、水はけが良く、日当たりの良い

苗床づくりのポイント

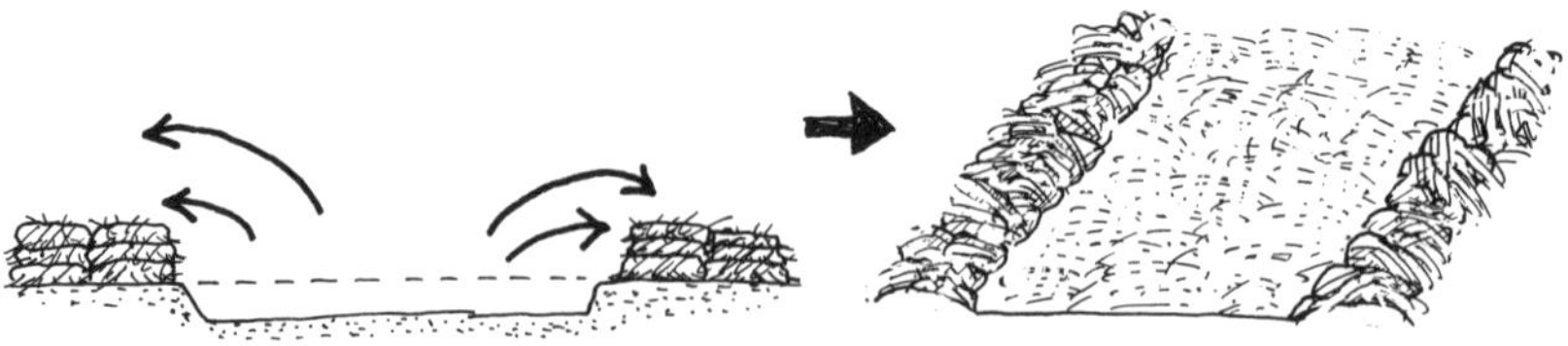

地表面の草と雑草の種を除くため、表土を薄く削り取り、左右に重ねて置いていく

苗床づくりが終われば削り取った表土にも草をかぶせておく

〈表土を削るとき〉

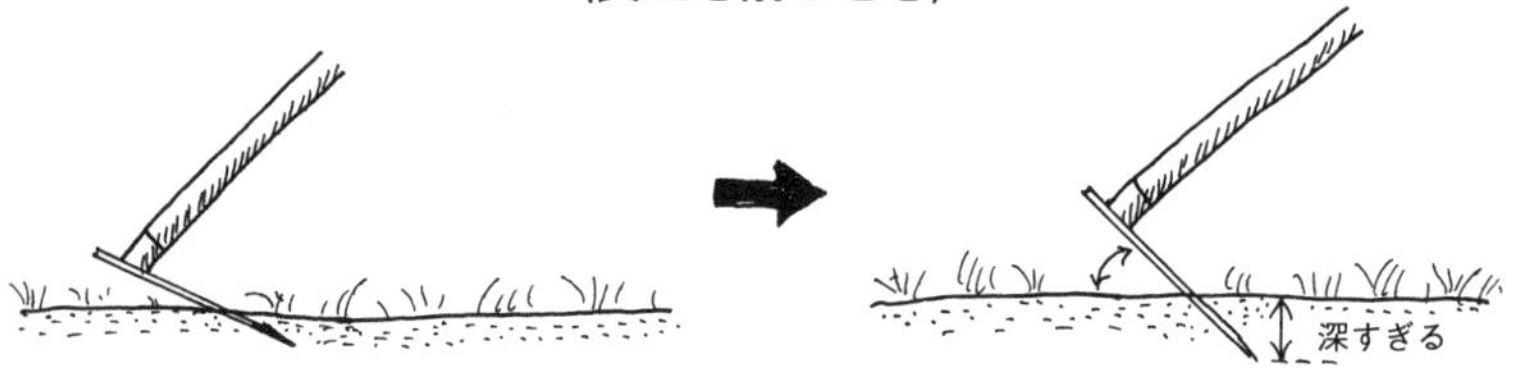

鍬の角度を浅くして、平らになるように表面を浅く削っていく

鍬の角度が深いと、表土を深く削ることになる

場所を選びます。湿りが多すぎるところは、地温が上がりにくく、発芽や生長が遅れることがあります。また耕作放棄地などから切り替える場合は、茅など宿根草の大きな株がある場所は避けます。

　毎年同じ場所に苗床をつくると、次第に地力が落ちてきますので、場所を移動し、3〜4年のサイクルで元の場所に戻ります。また、作付け面積が広い場合は、田植え時に苗を運ぶ労力を少なくするため、数カ所に分けて苗床をつくります。あるいは、水田の高低差をなくすために、畝のなかでやや高くなっている場所に苗床をつくることもあります。

　麦を作付けしている場合は、その一画の麦を刈り取って、苗床をつくることもあります。

●草を刈り、取っておく

　計算した苗床の面積とその周りの50〜60㎝四方の草を刈ります。

　周囲の草も刈るのは、モグラ対策のために苗床の周りに溝を掘るためです。

　刈った草は苗床をつくったあとで被覆するために用いますので、夏草の種が入らないように、地上部から少し上で刈り取ります。刈った草は別の場所に集めて置いておきます。

苗床の場所を定めて目印の棒を立て、手前から順に草を刈っていく

鍬で表土を削り、はがした表土は苗床の両側に置く

生命力旺盛な宿根草の根を取り出し、浅く耕して表面を平らにならす

●表面の草と雑草の種を削り取る

地表には、雑草の種がたくさん落ちています。雑草の種を取り除くために表面の土を鍬で削り取ります。

削り取った表面の土は、田植えの時に苗床の場所に戻しますので、苗床の両側に置いておきます。

鍬で削り取る厚さは、２〜３㎝を目安とします。自然農を続けて10年以上経ち、亡骸の層が厚い土地、耕作放棄地などで有機物の豊富な土地では、削り方が浅いと種籾が未完熟の有機物に冒されたり、養分過多となって発芽障害を起こしたりすることがあるので、厚めに削り取ります。

鍬は、地表を深く削りすぎないように、表面をはぐように、地面に対して平行に近い角度で鍬の刃を入れて作業を進めます。

●表面を平らにする

種籾の発芽を均一にするため、表面の凹凸をなくすように土を平らにします。

自然農に切り替えたばかりで土が硬い場合や、モグラが入って凹凸が大きい場合は、鍬で小さく耕してから土をならし平らにします。

また、宿根草は勢力が旺盛で、稲の発芽の営み、あるいは発芽したばかりの苗の生育を損ねることがありますので、宿根草の根があれば、深めに耕し、根を取り除いておきます。

表面を平らにしたあとは、さらに凹凸をなくして発芽を均一にさせるため、また水分保持のために、鍬の背や板等を利用して平らに鎮圧します。

種の降ろし方

●種を降ろす

手に種籾を握り、指の隙間から種が落ちるように軽く手首を振りながら蒔きます。できるだけ均等に落ちるよう、苗床の周りを何度か回りながら少しずつ落とします。

〈種降ろしの手順〉❶種籾を苗床に降ろす

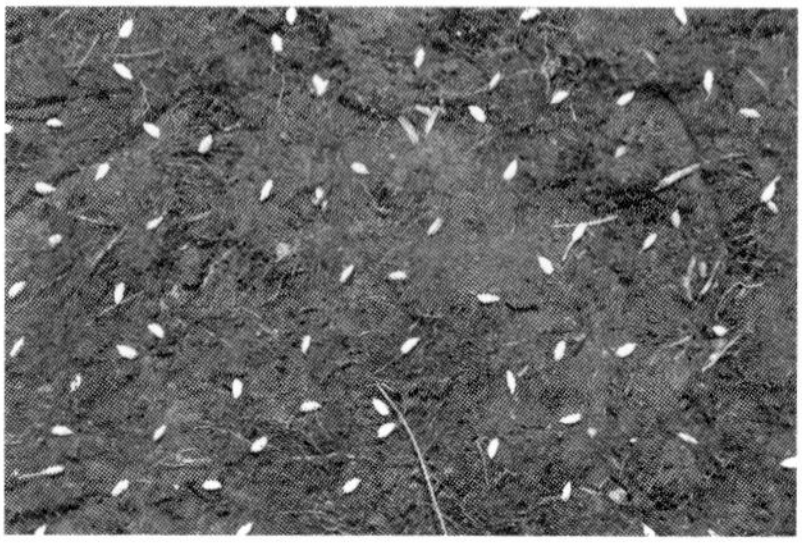

❷一つひとつの種籾の間隔を手であける

種を降ろし終わったら、種籾の間隔が均一になるよう、種籾が過密になっているところから、あいているところへ、手で一粒ずつ種籾を移動させます。種籾の間隔は2～3㎝を目安とします。上から土をかぶせる時に、種籾が飛ばされないよう、やや押さえ気味にします。

苗が健やかに育っていくためには空間が必要となります。過密になれば、茎葉を伸ばしていく空間が狭くなり、日当たりも風通しも悪く、結果として軟弱な苗になってしまいます。また、空間にばらつきがあれば、苗の生長も不揃いになります。

一本一本の苗が丈夫に育つためには、大切な作業です。時間を要しますが、根気よくていねいに進めます。

●土をかぶせ、鎮圧する

お米の発芽には、水分が必要となりますので、種を降ろしたあとは上から土をかぶせます。

苗床にかぶせる土は、雑草の種の入っていない地中の土を用います。表面の土を用いますと、苗床に雑草の種を運ぶことになり、種籾の発芽と同時に雑草も発芽することになってしまいます。

天候や土の状況によっては、どこか他で土を用意することもありますが、多くは苗床の周りにモグラよけのために溝を掘り、溝から取り出した土の表面から10㎝くら

❸土をほぐしながら種籾の上にかける

❹苗床をつくる時に刈った草をかける

❺土が見えなくなるまで草をかぶせる

❻土が湿っている場合は草の上から鎮圧

い下の土をほぐして利用します。

手で土をほぐしながら、種籾が見えなくなるまで均等にかぶせていきます。種にかぶせる土の厚さは、種籾の厚さを目安とします。

土が湿っていると、土が固まって団子状になってしまいます。空気の通りが悪くなり、また地温が上がらず、発芽が遅れ、ばらつきが生じますので、湿り気がなく固まらない土を用います。

細やかな土をかぶせるために、ふるいを用いてもよいですが、土の状態によって、草の細かい根が網の目に詰まってかえって作業が進まないことがあります。

また、冬期の間に先に溝土を掘りあげておけば土が凍り、凍ったことによって土が細かくほぐしやすくなります。

土を均等にかぶせ終わったら、湿りを保つために再度鎮圧します。表面を平らにした時と同じように、鍬の背中や、大きな板等を利用します。

鎮圧後、土のかぶっていない種籾があれば、その上から土をかぶせておきます。

雨が降ったあとの作業などで、鎮圧すると鍬の背に土がついてくる場合は、草の上から鎮圧します。湿りが多く、土が粘土状になっていれば鎮圧しない場合もあります。

●草をかぶせる

苗床の水分を保つために、上に草をかぶせます。

苗床をつくる時に最初に刈り取った草を表面にかぶせます。枯れた草には夏草の種が混じっていることがありますから、青草を選びます。また、葉の幅が広い草、葉に厚みのある草や硬い草をかぶせると、小さな芽が出てくるのをさまたげることがありますので、柔らかな、細い草をかぶせます。長い草は適当に切ってかぶせます。また、マメ科の草（カラスノエンドウ等）が多くなると、雨が降ったあと草が朽ちていく時に、表面に膜を張ったような状態になってしまうことがあります。マメ科の草ばかりにならないようにします。覆う草が、最初に刈った草だけでは足りない場合は、別の場所から集めてきます。

青草はすぐに乾燥して縮みますので、土が見えなくなるまで、やや多めに草をかぶせます。ただし、草が厚すぎた場合は、太陽の恵みが届きにくく地温が上がりにくくなり、発芽が遅れることになります。発芽に時間がかかると、スズメやオケラ等の小動物による食害の可能性も高まります。かぶせる草が少なすぎないよう、また多すぎないようにします。

水分保持と鳥対策のため、草の上にワラを長いまま、もしくは細かく切ってふりまくこともあります。

自然農では、基本的には水やり（灌水《かんすい》）をしません。表面の土を覆った草によって湿りが保たれ、必要な水分が種籾に届けられることになります。

●動物よけをつくる

鳥や小動物が入って種籾をついばんだり、苗床を荒らしたりしないように、糸を張ったり、木の枝や、笹などを利用して、対策をします。

近くに民家や竹藪がありスズメの多いところでは、糸だけでは間に合わないことがありますので、ネットをかぶせるなどの対策をします。

●モグラ対策の溝を掘る

苗床のなかにモグラが侵入しますと、モグラが掘った穴で土が持ち上げられて乾燥し、湿りが保たれず、発芽、発育が十分にできません。

モグラは地中に穴を掘って生活をしています。光を嫌いますので、苗床の周囲に溝を掘って、モグラが入ってこないように対策をします。

スコップ幅で周囲に切り込みを入れ、土をブロック状に取り出し周囲に並べます。この溝の土は田植え時に元の状態に戻して、そこにも苗を植えるため、ブロック状

鳥獣よけの工夫

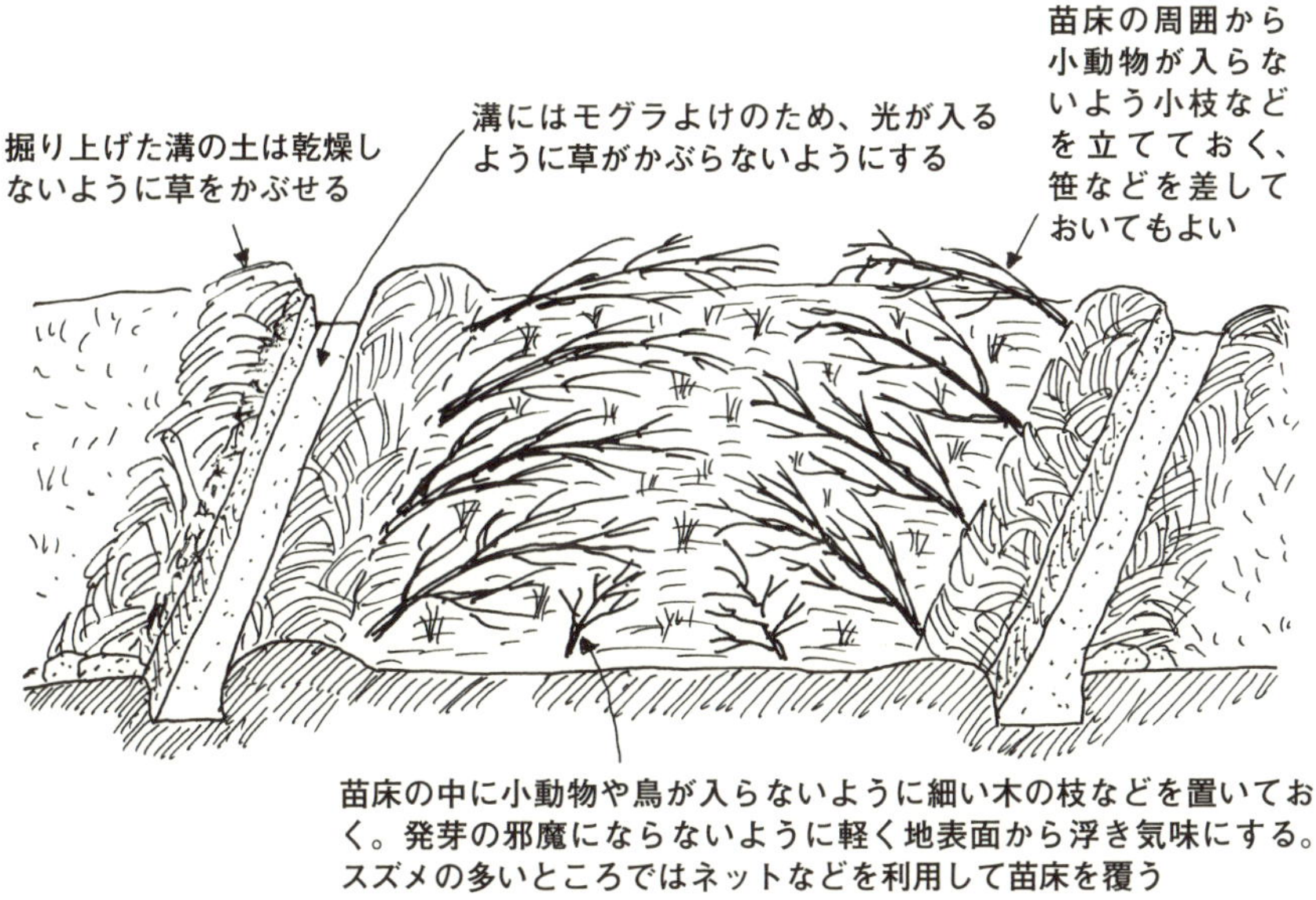
苗床の周囲から小動物が入らないよう小枝などを立てておく、笹などを差しておいてもよい
溝にはモグラよけのため、光が入るように草がかぶらないようにする
掘り上げた溝の土は乾燥しないように草をかぶせる
苗床の中に小動物や鳥が入らないように細い木の枝などを置いておく。発芽の邪魔にならないように軽く地表面から浮き気味にする。スズメの多いところではネットなどを利用して苗床を覆う

のまま周囲に並べておきます。

また、作業が終わったあとは、このブロックの上にも草をかけ、乾燥しないようにします。この時に、溝に草がかぶさってしまうと、溝に光が入らずモグラよけの効果が半減しますので、溝には光が入るようにしておきます。

苗床の上からかぶせる土に、この溝土を利用する場合、特に湿り気の多い田んぼなどでは、苗床をつくる前に溝掘りをおこない、土を乾燥させておきます。あるいは、数日前に溝掘りをおこなっておきます。

また、苗床の面積が小さい場合は、苗床のすぐ際に溝

鳥対策として枝を少し浮かせて置く

モグラ対策として苗床の周囲を溝で囲む

を掘ると、苗床が乾燥しすぎて、発芽に必要な水分が保持されません。苗床からある程度の余裕をとって溝を掘ります。掘り上げた溝土の上にも草をかぶせます。

これで苗床づくりは完了です。

どのような場合も、形に囚われず、ここに書いていることに囚われず、田んぼや土の状況に応じて、また作業効率を考えながら、稲のいのちに必要な環境が整えられるよう、臨機応変に対応しながら進めていきます。

水やりは、通常はおこないませんが、種降ろしの時期が遅れてしまった場合や、雨が全く降らないような時には、種籾を降ろしたあとに、たっぷりと水を与えるようにします。

気温や天候によりますが、およそ10日から2週間のうちに発芽してきます。

発芽には13℃以上の気温と水分が必要だと言われています。発芽まで待ち遠しい思いですが、発芽の営みには時間が必要ですので、静かに見守り続けます。

種籾への思いが強すぎて、あるいは心配になって、よけいな手出しをしないようにします。発芽をさまたげるものがあれば、その原因をしっかりと見定めて、必要な対策をおこないます。

そのような見守りのなか、時を得て発芽し、天に向かってまっすぐに小さな芽を伸ばす姿に出逢った時は、いのちの始まりの美しさと尊さに感動し、この自然界に生かされ生きる喜びを感じることでしょう。

発芽しない場合に考えられること

●苗床の整え方の問題

発芽しない場合、苗床の整え方の問題が考えられます。

- かぶせる土が厚すぎたり、草が厚すぎて、地温が上がりにくくなっている。
- 苗床の表面に水が溜まって、空気が通らなくなっている。
- 雨が降らず、あるいはモグラが苗床に入って地面を浮かせ、地表が乾燥しすぎている。

このような場合は、状況に応じて手を貸し、発芽に必要な温度、空気、湿りが保たれるようにします。また、種籾が古い場合も発芽しませんので、昨年採取した種籾を用います。また品種によって休眠性の高い種籾があり、気温が高くならないと発芽しないものもあります。

●食害の問題

発芽しない原因として、小動物や鳥等に種籾を食べられていることも考えられます。

- 苗床にかぶせている草が動いて、ところどころに穴があいている場合は、小動物やスズメやキジ等の鳥に食べられている可能性があります。

・表面上は変化なく、４月中旬に種を降ろして３週間たっても発芽してこない場合は、オケラに食べられている可能性があります。そっと草を除き土のなかを見て、籾殻（種籾の殻）だけが残っている場合や土が浮いて乾燥している場合は、オケラと考えられます。オケラは、水分を含んだ軟らかい土のなかに生息し、種や根、小さな昆虫やミミズを食べます。湿った土を好みますので、種籾を降ろした周囲に土を盛り上げず、風通しを良くしておくことが対策として考えられます。また、発芽までの間に食害を受けるので気温が十分に上がってから蒔くことや、種籾をヒタヒタの水に浸し、毎日水をとりかえ、少し発芽させてから蒔く方法も有効です。

オケラが入って被害が大きい場合は、つくった苗床はそのままにして、新たに別のところに苗床をつくります（蒔き直しは５月中旬までにおこないます）。

小動物や鳥に食べられている場合は、その部分に、種籾を追加して蒔き、そっと土をかぶせ、草で覆います。そして小動物が入ってこないように対策を立て直します。

◆春の作業　苗床の手入れ

苗床の手入れ

芽が出て３～５cmになった頃、他の草に負けないよう、苗床の草取り作業をおこないます。

動物よけの枝などはいったん取り除きます。苗床をつくった時に上からかぶせた草は朽ちていますが、そのままにして、草取りの作業を進めます。

稲の苗は、茎が硬く、葉もピンと立っています。稲と姿のよく似たヒエ（イヌビエ、タイヌビエ）は、稲より葉がやや幅広で、茎も葉も柔らかいです。

見分け方は、稲の苗には、葉の付け根のところに葉舌《ようぜつ》という小さな突起と、葉耳《ようじ》という小さな毛が生えています（品種によって異なることもあります）。区別がつかない場合は、一本引き抜いてみます。足元に籾がついていれば、それが稲の苗です。特徴をよく見て、稲と草の判別を間違えないように作業を進めます。

苗床では、草を抜くことを基本としていますが、草を抜くと苗が動いて苗の生長に影響を与えると思われる場合があります。その時は、鎌で刈り取ることもあります。

苗床の土が乾燥している場合は、草を抜いたあとにたっぷりと水を与え、苗が傷まぬように配慮します。

抜いた草を苗床にそのまま置いておくと、雨のあとなどに根が再び活着することがありますので、抜いた草は苗床から出しておきます。

米ぬかを施す

種降ろしから20日後の発芽状態

草を抜き終わったら、苗の育ちを助けるため、米ぬかを施して補います。米ぬかの分量は、蒔いた種籾の倍量（作付け面積一反の苗床に対して米ぬか一升）を目安に、必要に応じて振りまきます。慣行農法から切り替えたばかりの水田、あるいは地力のないところは米ぬかの分量は種籾の3倍程度を目安とします。前年その場で育ったお米のぬかを田んぼに返すことによって、いのちが巡り、次の世代が生きる養分となります。

米ぬかは、苗の上から苗床全体に均一に振りまいていきます。

米ぬかを施したあとは、葉に米ぬかが残らないよう、手や草などで払い落とします。ぬかが葉の表面に付着して残った場合には、米ぬかが朽ちていく時に葉が侵されることがあるからです。米ぬかを施す場合は、雨の日や朝つゆが残っている時間は避けます。

苗床では、雑草の生え具合に応じ、草取りの作業を1～2回、また苗の様子を見て必要に応じて、補いを1～2回おこないます。

もし、モグラが苗床のなかに入って土を持ち上げていた場合は、そっと手で押さえます。その後、水を撒いて土を落ち着かせます。

発芽してしばらくは、まだ籾に養分がありますので、

苗の育ちを助けるため米ぬかを施して補う

葉に付着した米ぬかは、手や草で払い落とす

米ぬかの分量の目安は、蒔いた種籾の倍

鳥が種籾を食べにくることがあります。草取りの作業が終われば、鳥よけや小動物よけを元に戻しておきます。

自然農を続けて、いのち豊かになった田んぼの苗床では、米ぬかの補いは状況をよくみて判断します。

発芽の営みにおいては、養分が過ぎると発芽障害を起こしますので、亡骸の層が重なっている豊かな地では苗床をつくる時に表面をしっかり削ってから種を蒔き、苗がある程度生長してから、苗の様子を見ながら必要量の米ぬかを補います。

いい苗は、茎が硬く葉もピンとして、しっかりと立っており、色は黄緑色、萎縮せず伸びやかな姿です。葉の色が濃い場合は、米ぬかを補わずに様子を見ます。

苗の姿から、ふさわしい環境に整えられたかどうかを観察し、良くないものを感じたならば、改善できる点は改善していきます。また、次年度の課題としていきます。

たとえ良くないと思える苗に育ったとしても、その後、生育の過程で取り戻して元気に育っていきますので、今できる最善のことをして、あとは天地の恵みと稲のいのちに任せます。

◆春の作業
直播きの方法

直播き

水稲の場合は、幼い時の草管理のため、場所を定めて苗を育て、ある程度生長してから、移植（田植え）をする方法が一般的です。

直播きは、苗床ではなく直接本田に植えていきますので、田植えをする必要はありません。しかし、種籾から発芽するまでの期間は、苗床と同じように、鳥や動物の害から守り、草を折々に抜いて、周りの草に負けないように手入れが必要になります。

種を降ろす時期は、苗床づくりよりやや遅め、5月初めを目安とします。

直播きの手順

①畝の上の草を刈ります。発芽してきた苗が他の草に負けてしまわないように、草の茎を残さないように刈ります。種籾を蒔くところにロープを張ります（条間は40㎝とします）。

②表層に落ちている種を取り除くため、鍬を用いて地表面を削っていきます。

③軽く耕します。宿根草の根があれば、取り除きます。

④鍬の背で、斜めの角度をつけて鎮圧し、蒔き溝を整えます。

⑤種籾を一列のすじ状に蒔いていきます。種籾の間隔は、4～5㎝を目安とします。

⑥鍬を用いて、蒔き溝の斜め上の方の土をかぶせます。土の厚さは種籾の厚さ分を目安とします。

⑦鍬の背で鎮圧します。

⑧細かな草を上からかぶせます。

発芽後の手入れ

発芽した後は、苗床と同じように周りの草を抜きます。発芽が多すぎるようでしたら、間引きますが、種降ろしの際、間引かなくてもよい程度の量を蒔いておきます。

時期がくれば、畔塗りをして水を入れます。田植えをした苗と同じように、周りの草を刈って稲の分けつを促します。

〈直播きの手順〉

❶畝の上の草を刈る

❷鍬の角を用いて地表面を削っていく

❸軽く耕す。宿根草の根があれば取り除く

❹鍬の背で鎮圧し、蒔き溝を整える

❺種籾を一列のすじ状に蒔いていく

❻鍬で種籾の厚さ分を目安に土をかぶせる

❼鍬の背で蒔いたところを鎮圧する

❽細かな草を上からかぶせる

◆春の作業

陸稲の栽培

陸稲の種を降ろす

陸稲は、水の入らない畑でも育てることができる稲として栽培されています。水稲に比べて、水分条件の厳しいところで育つとされていますが、植物学的には、水稲と陸稲には厳密な区別はないとも言われています。かつては、日本各地で作付けされていたようですが、現在では灌漑設備がいきわたり、ほとんどが水稲栽培に替わっています。

種の蒔き方は、直播き、あるいは苗床で苗を仕立て て、田植えをして育てることもできます。

ともに水稲の種の降ろし方と同じです。

水分を保持する工夫

乾燥には弱いため、雨が少ない年には、分けつが進まず、生長が良くありません。水分を保持できるよう、湿りの多い土地で育てることや、畝をつくらないなど、水分を保つための工夫が必要になってきます。田植えをする場合には、雨の日や雨の前におこなう方がよいです。

草管理、収穫などについては、基本的には、あとに述べる水稲と同じようにおこないますが、天候や土の状態を見て、湿りを保つために草を刈りすぎないなどの工夫をします。

また、陸稲は同じ場所で毎年つくることができませんので、陸稲を作付けする場合は、場所を替えて作付けしていくことになります。

陸稲の種籾を一列のすじ状に蒔く

鍬で土をかぶせて鎮圧し、草をかぶせる

◆春の作業

麦の収穫

山々の緑は深まり、初夏の風が吹き、豊かな雨の恵みを思う頃、田んぼでは麦が黄金色に色づきました。麦が色づいた収穫の季節を、麦秋と呼んでいます。

私たちのいのちを夏に養ってくれる麦は、5月末から6月中旬にかけて、実りの時を迎えます。

麦の収穫と脱穀

品種によって収穫時期に違いがありますが、梅雨に入るまでに、あるいは梅雨に入った頃、麦を収穫します。雨が降りやすい季節ですので、収穫のタイミングを逃すと、雨に当たって穂発芽（水分が多くなって穂の状態で発芽する）、脱粒（収穫時期を逸して穂から実がはじける）、あるいは穂にカビが発生したり、茎が折れたりしますので、時期を見定め、天気の良い日に収穫します。

収穫の目安は、穂、茎、葉が、緑色から黄色に変わり、黄金色に色づく時、あるいは穂に触るとふっくらとし、実を爪で押してみて硬くなっている時です。

収穫は、鎌で穂を刈り取っていきます。刈った穂は天日に当てて乾かします。その後、木槌などで叩いて脱穀します。

小麦など茎のしっかりした品種は、茎を下から刈り取ることもできます。茎から刈り取る場合は、完熟を待って、天気の良い日の午前中に刈り取り、畝の上に並べて乾燥させ、一度裏返して日に当て、その日のうちに足踏み脱穀機で脱穀します。後日に脱穀を残してしまうと、保管場所が必要となり、屋外で雨に当たればカビが生え

黄色から黄金色に変わったら穂を刈って収獲

裸麦（大麦）の脱穀。木槌で叩いて殻を外す

やすくなり、あるいは直接雨に当たらなくても湿気の多い時期でカビが発生しやすくなることなどから、できればその日のうちに脱穀を済ませます。

その後、唐箕にかけて麦殻を風で飛ばし、実を選別します（足踏み脱穀機と唐箕の使い方については、150頁以降の稲の脱穀のところに記載）。

天日乾燥と保存

脱穀したものは、もう一度天日に当ててよく乾燥させてから、瓶や袋などに入れて保存します。次の年の種を別に取り分けて、風通しの良いところに保存しておきます。

湿ったまま保存しますと、梅雨の間にカビがついたり、虫がついたり、発酵してしまい、食べることができなくなります。田植え前の忙しい時ですが、時期を逃さず収穫作業を的確に進めるようにします。

裸麦は、炒ってから、もしくは先に一度炊いてから、お米と合わせて再度炊いていただきます。あるいは、炒って麦茶としていただきます。

小麦は、製粉機にかけて粉に挽いて、ふるいにかけてフスマを選別し、品種に応じて、パンやうどん、お菓子や天ぷらなどにしていただきます。

◆初夏の作業

水入れと畔塗り

梅雨に入り、豊かな水の恵みが天から降り注ぎ、大地に生きるいのちをうるおす時となりました。木々草々は水を得て大いに養われ、いのちの営みを盛んにする夏に向かって、新緑を深めていきます。

静かに降る雨に、人の心もうるおい、いのちを静かに見つめる時ともなります。

苗の大きさ

4月に種降ろしをした種籾は、2カ月の時の営みのなか、いのち自ずから発芽し、幼少年期をすくすくと育ちました。まだ幼い姿ですが、独り立ちの時を迎えようとしています。この時期を逃すことなく、広い空間に一人で立たせてやりますと、水と太陽と空気の恵みを得て、自らの身体をたくましくつくっていきます。

田植えの目安は、苗が15㎝以上となった頃、葉は5～

6枚出た頃となります。入梅の頃から田植えを始め、6月中に田植えを終えます。

田植えを始めるまでに、まずは田んぼに水を引き入れ、水を溜めるための作業をおこないます。

水入れ

取水口をあけ、水路から水をとり入れると、流れくる水の音色が田んぼに心地よく響きわたります。水のなかで息づく虫たちや小動物のいのちが躍動しはじめ、田んぼでの新たないのちの営みが始まります。

川口さんの田んぼはU字溝から土管で取水

排水口は2枚の板の間に土に入れる。板の高さによって貯水、排水を調整する

水を田んぼに入れる方法は、田んぼや地域によって異なり、それぞれに決まりごとをもうけています。長い歴史のなかで、過去の人たちが、稲作に思いをかけ、苦労を重ね、知恵と技術を積み重ね、つくり上げてきた水源や水路です。その恩恵を受けながら、水を大切に使っていきます。

田んぼへの水の入れ方は、地域で続けられてきた方法があります　水を入れる期間、時間帯が決められているところもあります。多くの地域では、水を共同で管理していますので、その地域の実情に応じて水を田んぼに引き入れます。

水を引き入れるための準備や手続きは、地元で水のお世話をしてくださっている方に確認し、あらかじめおこなっておきます。また、田んぼに水が入ってくる用水路や取水口、排水口を確認し、修復する必要があるならば、田植えが始まるまでに修理しておきます。

排水口の調整

水稲をつくる田んぼでは、水が入ってくる取水口と、水が出ていく排水口を設けています。

冬の間の田んぼは、水が入ってこないように取水口を閉じ、排水をはかるために排水口をあけています。

田植えから秋口までの期間は、排水口に板や土嚢などを用いてフタをして、田んぼに水を溜めます。田んぼに溜める水の量（高さ）は、排水口の高低によって調整します。

田んぼに水が入って満水になると、排水口が受ける水圧が高くなり、水の流れとともに周辺の土がえぐられてしまうことがあります。排水口の周辺には、土を十分に盛って、水圧で土が流れていかないようにします。また、板や土嚢のすき間から水が漏れないように整えます。

水は低いところへと流れていきますので、排水口の高さは、畔よりも低く設定します。排水口が畔よりも高くなれば、畔の低いところから水があふれ出て、畔道が崩れてしまいます。

また、大雨が降った時には水の容量が増え、排水口からの流量を超え、畔の弱いところや低いところから水があふれ出て、畔道や土手が崩れてしまうこともあります。一枚の田んぼが広い場合は、排水口を複数設けます。

畔塗り

稲作において、畔を整えることは、大切な作業です。「田をつくるより、畔をつくれ」という言い伝えがあるように、田んぼの畔を整えることによって、水を溜めて稲を育てることができます。

田植えを始める前に、田んぼに入れる水が周囲の畔から漏れていかないように、低い土地に面した畔の土を練り、練った泥土を畔に塗っていきます。高い土地に面した畔側では水が漏れていくことはありませんので、基本的には低い土地に面した畔のみ、畔塗りをおこないます。

この作業をすることによってモグラ等があけた穴からの水漏れや、土のすき間からの水漏れを防ぐことができます。水を溜めるには、畔塗りは欠かせない大切な作業です。

畔塗り作業は、二日間かけておこないます。

〈畔塗り＝一日目の作業〉

●畔と溝の草を刈る

田んぼに水を入れる前に、畔塗りをするための畔道と溝、溝に面した畝の端の草をていねいに刈ります。刈った草は田んぼのなかに入れます。

●スコップで畔と畝の端の両側に切り込みを入れる

土を練る幅は60㎝くらいを目安とします。畔の高さによって、土の量が変わりますので、練る幅を調整します。畔が畝と同じ高さであるならば、畔より15㎝以上高く積み上げるための土の量が必要です。

幅を決めたら、畔側にロープを張り、ロープに添ってスコップで切り込みを入れます。畝側の端にも切り込みを入れます。

●水を入れる

スコップで切り込みを入れる作業をおこなうと同時に、あるいは作業の前に、田んぼの溝に水を入れます。水を入れすぎても、少なすぎても、土を適度な硬さに練ることができませんので、溝の半分くらいを目安に水を入れます。

●モグラ穴があればつぶす

モグラ穴を見つけたら、穴の両側にスコップで切り込みを入れ、穴の上から踵《かかと》で強く踏み込んで穴をつぶします。下がった場所には新たに土を入れます。

●土を練る（畔こね）

溝に水が流れ続けていると、水の流れとともに土も流れていきますので、土を練る作業の時には、水が入ってくるのを止めます。

スコップで切り口を入れた土を、鍬で耕しながら、水を含ませ、土を練っていきます。この作業を畔こねと言います。三つ叉の鍬を用いると、水や土の抵抗が少なく作業を進めやすくなります。

〈スコップで切り込みを入れる位置〉

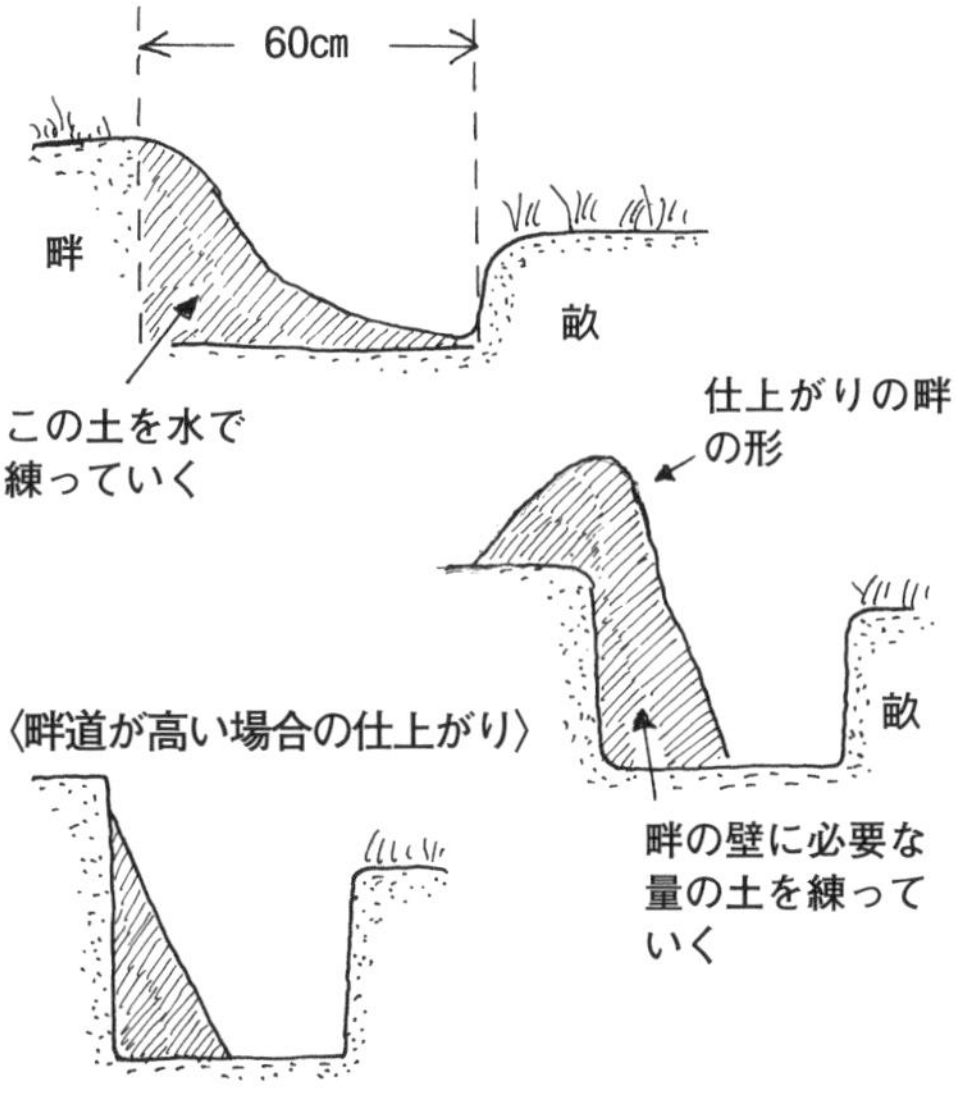
60㎝
畔
畝
この土を水で練っていく
仕上がりの畔の形
畝
畔の壁に必要な量の土を練っていく

〈畔道が高い場合の仕上がり〉

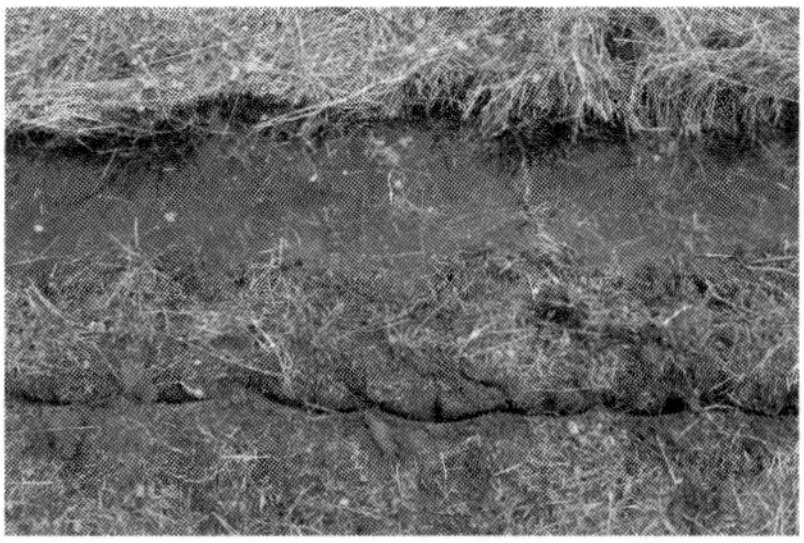

スコップで畔と畝側に切り口を入れる

川口さんの田んぼでは畔崩れと水漏れを防ぐため、畔道は約80㎝幅としている

鍬で土を練っていきながら前に進み、足でも土を踏んで練っていきます。この作業を一往復半おこない、土と水をドロドロに練って壁土をつくります。身体に負担のかかる作業ですので、無理をせず、少しずつ作業を進めます。

この作業の際に、土の分量に対して水が多すぎると、土が水に流れてしまい、土をこねる作業ができなくなってしまいます。また、水が少なすぎても、土の練り方が固くなり、力を必要とし、作業がしづらくなります。

練り上がった土は、そのままにして半日くらい寝かせておきます。

●土を畔側に上げる（一段目）

午前中に畔こねをおこない、そのまま寝かせ、夕方に一段目の土上げの作業をおこないます。

寝かせずに、練った土をすぐに上げようとすると、水を多く含んでいるために泥が軟らかく、土が逃げてしまいます。

練ってしばらくおいた土を、畔側に一鍬ずつすくいながら寄せ上げていきます。一度目は鍬を田んぼ側の溝に入れて土を上げ、二度目には溝のなかほどの土を鍬で引き寄せて上げていきます。

上げた土は鍬の背で軽く押さえて、土と水をなじませ

溝に水を入れ、切り込みを入れた土を三つ又の鍬で土を練っていく

鍬を横に使いながら、水をすくわないようにして練った土を畔に寄せ上げる（一段目）

一段目の土を上げたあと、上から鍬の背で軽く叩いて落ち着かせる

二日目の作業・畔を塗りあげる

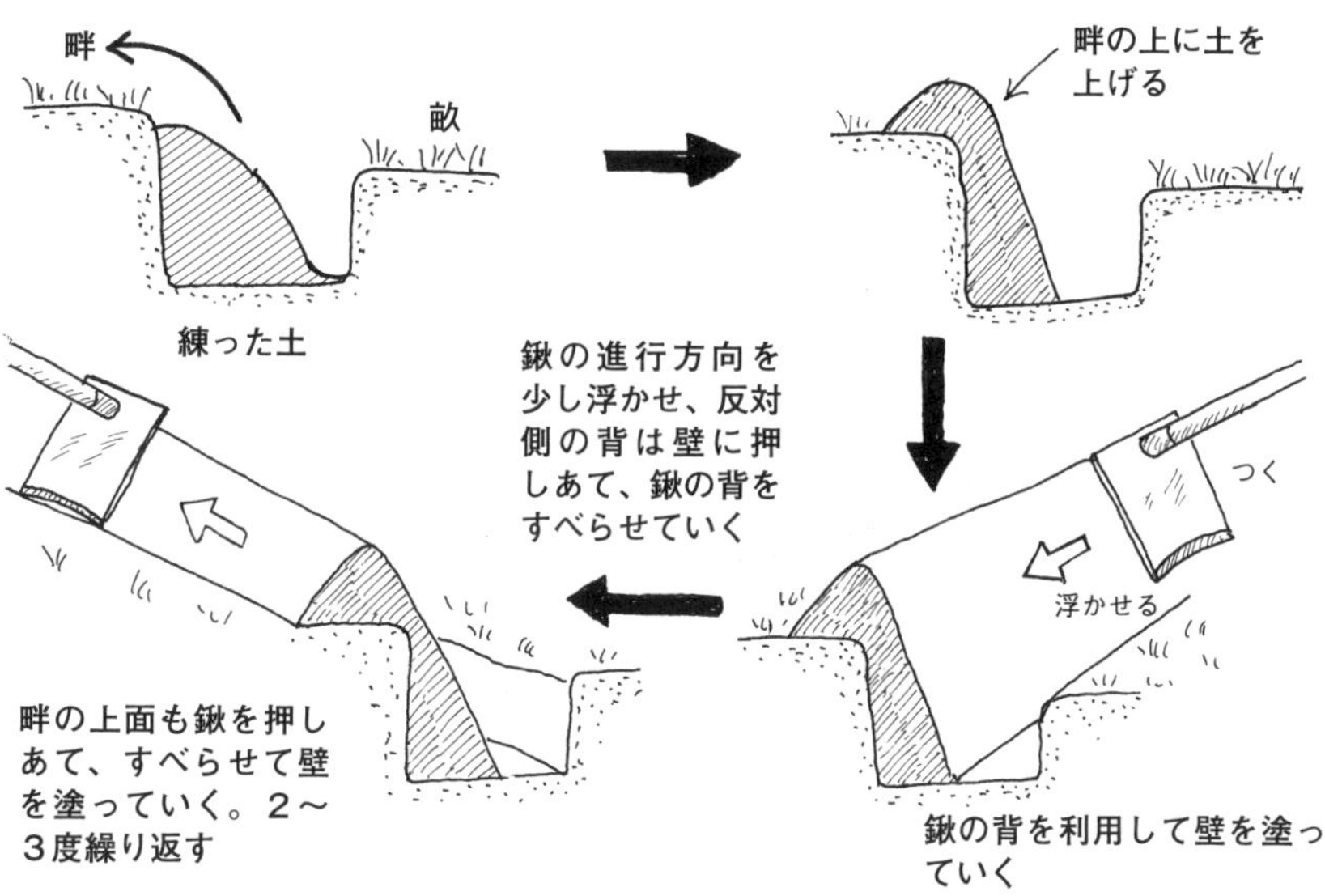
畔
畝
練った土
畔の上に土を
上げる
鍬の進行方向を
少し浮かせ、反対
側の背は壁に押
しあて、鍬の背を
すべらせていく
つく
浮かせる
畔の上面も鍬を押し
あて、すべらせて壁
を塗っていく。2～
3度繰り返す
鍬の背を利用して壁を塗っ
ていく

て落ち着かせます。これで一日目の作業を終えます。

〈畔塗り＝二日目の作業〉

●土をさらに上げる（二段目）

畔こねの翌日、昨日の一段目に上げた土を鍬でさらに寄せあげて、畔に、練った土が半分かかるようにします。畔道の高さが畝とそれほど変わらない場合は、仕上がりの状態が畝より15㎝以上高くなるように、土を上げます。畔の高さが畝よりも十分に高く、土が畔の上まで上がらない場合は、畔の側面に高く積み上げていきます。

●畔を塗る

畔に上げた土を、鍬の背を用いて、壁土を塗るように仕上げていきます。

田んぼのなかに入って、畔の側面から塗っていきます。鍬の背を畔の側壁に押しあて、進む方向の刃を少し浮かせ、圧をかけながら前進し、畔の側面を斜めになでるように塗っていきます。

側面を塗り終えたら、帰り道は畔の上面を塗っていきます。この作業を数回繰り返して、表面は凹凸がなくなめらかで、厚みがあるしっかりとした壁に仕上げていきます。

側面と上面の頂点が三角形になるように仕上げます。

畔の上面を塗って戻ってくる

二日目、土を畔にかけて高く寄せ上げる

畔塗りの作業を3回繰り返し、美しく仕上げる

鍬の背を用い、壁土を塗るように前に進む

畔が十分に高い場合は、側面のみ壁を塗って、水が漏れないように整えます。

二、三度往復すれば仕上がりです。

これらの一連の作業は、水を入れた泥のなかでおこないますので、土も重く、身体も思うように動かず、重労働となりますが、腕の力だけで作業するのではなく、この原理や体重移動などを利用して、効率的に身体を働かせ、道具の使い方を会得していきます。

作業を終え、美しく塗りあげられた畔を目にすると、水をたたえる整えができた喜びとともに、田んぼにも心にもさわやかな風が通っていくことを感じます。

水が溜まらない田んぼへの対応

山の棚田などでは、水を入れても溜まりにくいことがあります。

慣行農法では、水を入れる前に耕し、水を入れてから再度耕して、田んぼの土全体を泥状にします。泥状になったものが田んぼの底で膜を張って水を保ちます。自然農の場合は耕しませんので、山間地の棚田等では土質によっては水を保つことができず、すぐに水がなくなってしまうところがあります。

その場合には、畔の幅を広くする、畔こねをする幅を広くしてしっかりとこねる、水の通り道となる溝を足で踏んでいく、水が漏れていく穴がないか見て回り、漏れている箇所があれば土を入れて練って穴をふさぐ、それでも水が溜まらない場合は、水を掛け流しにする等の対応をしていきます。

　また、土手や畔で一生を全うした草を田んぼに投入することによって、亡骸の層ができやすくなり、水分を保持しやすい環境となっていきます。青草を投入すると窒素過多となる傾向がありますので、一生を全うして枯れた草を入れるようにします。

　自然農を続けることによって、腐葉土などが田んぼの表土の隙間を埋めて、目詰まりして水が溜まるようになった例もあります。

　どのようにすれば水が溜まるのか、山間地の田んぼでは、切実な問題ともなりますが、水分を保持できるように試行錯誤を重ねています。

田んぼに穴があいた場合の修復

　山の棚田などでは、小さな穴からしみ出した水が、年月を経るなかで、いつの間にか大きな穴となって田んぼの土が突然陥落することがあります。その場合には、穴を埋める修復作業をおこないます。

　修復の仕方は、穴の大きさにもよりますが、修復用の土（できれば粘土質の土）、石、水、スコップ、土や石を運ぶ石箕などを用意し、手作業で埋めていきます。

　陥落した穴に土と水を入れ、足で踏んで土を練って泥状にし、底の土も一緒に練っていきます。土を加え、徐々に水の量を減らし固練りにしていきます。必要に応じて、石や小石を投入していきます。耕作土（田んぼの土）の下までこのようにして埋めていき、その上に耕作土を戻して仕上げます。

　穴埋めの作業は体力気力を要しますが、少しずつ作業を重ねれば、必ず成就します。大穴があいた場合は、他の方々にも協力を求めて、共同で作業されるのもよいでしょう。心を前向きにし、あわてずに作業を進めていけば、仕上げた時には心地よい達成感を味わうことができるでしょう。

◆初夏の作業
大豆の種降ろし

大豆(畔豆)の種降ろし

畔塗りを終えたあと、塗った土が乾燥しないうちに60～70㎝間隔に鍬の背で穴をあけ、大豆を2～3粒ずつ降ろします。

種の上には、木灰や燻炭(籾殻の炭)、あるいは枯れ草をかぶせます。

練った土や泥土をかぶせてしまうと、空気が通らないため、種が腐って発芽しません。

大豆は、土地の養分が多すぎると、枝や葉を茂らせすぎて、花は咲かせますが、いつまでたっても子どもづくりの営みにならず、実が入らないことがあります。

畔こねをしたところは、毎年耕していますので、養分が適度に落とされており、大豆の栽培にふさわしい場所となります。また、同じ場所では連作障害が起こると言われていますが、水田の畔では連作障害が起こることはありません。昔から、畔の空間を利用して大豆をつくってきました。このように畔で育てる大豆のことを畔豆《あぜまめ》と呼んでいます。

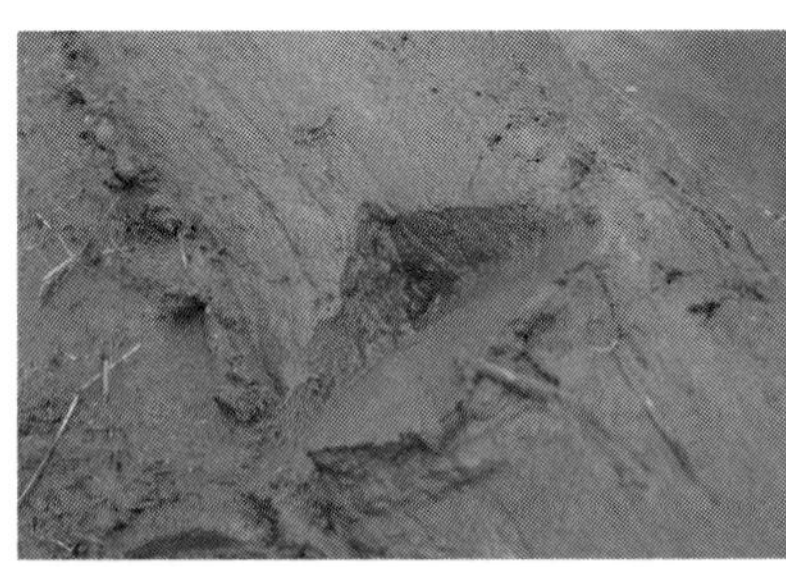
鍬の角で穴をあけ、2～3粒ずつ降ろす

大豆の上に枯れ草(もしくは木灰、籾殻燻炭)をかぶせる

風通しや日当たりを良くする

畔に蒔いた豆は1週間くらいで発芽します。間引くことなく、そのまま育てます。大豆は、風通しや日当たりが悪くなると、実の入りが小さくなってしまいますので、畔の草を適宜刈り取って、風通しや日当たりを良くしておきます。刈った草は、田んぼのなかに入れます。

◆初夏の作業
田植え

田植えの準備

田んぼに水が入り、畔を塗って水をたたえることができれば、いよいよ田植えの始まりです。

稲にとっては、苗床で肩を寄せ合いながらともに育ってきた仲間と離れ、広々とした空間を得て、大きく生長していく時となります。姿は小さく、ひ弱に見える苗ですが、たくましく育っていく力を内に秘めています。

幼い苗が無事に健やかに育っていきますように……と願う心とともに、幼いいのちを損ねることのないよう、的確に苗を植えていきます。

●水を溝に入れる

田植えの作業時には、水は溝に3分の2程度、あるいは畝の上まで水がつからない程度に入れておきます。水を畝の上まで入れると、苗を植えていく際に苗の足元が見えず、的確な深さに苗を植えることができません。また、水が畝の上まで入ると、腰をかがめての作業となりますので、身体にも負担がかかります。

苗が活着するには水を必要としますが、田植えの作業時には、溝に水があれば、畝全体に水分が行き届き、苗の活着を助けることになります。

田んぼの溝にも水がない状態では、苗は活着できずに枯れていくこともあります。田植えを終えれば、なるべく早く畝の上まで水を入れます。

自然農を重ね、亡骸の層が地表面にできている場合は、亡骸の層に水分を保持する働きがありますので、溝に水が少なくなったとしても、水分はある程度保たれています。亡骸の層がない場合、あるいは田植えに日数を要する場合は、一日の作業が終われば、必要に応じて畝の上まで水を入れます。

●田んぼの夏草を刈る

田んぼに生えている草が冬草（秋の終わりに芽を出して、春から初夏に栄えて夏に枯れる草）であれば、稲が育っていく頃には枯れていく草ですので、刈らずにそのまま押し倒して、稲の苗を植えていきます。麦や小麦を栽培しているところでは、麦の穂を刈りとって収穫し、そのまま麦の茎を倒しながら植えていきます。麦は冬草で、雑草ではスズメノテッポウや、レンゲ、イタリアンライグラス等が冬草になります。

しかし、稲の苗が育っていくのと時を同じくして育っていく夏草（春に芽を出して夏に栄える草）が多く生えているところでは、夏草の勢いに苗の生長がさまたげられますので、田植え前に生えている夏草を刈ります。稲は夏草で、雑草ではイヌビエ、カヤツリグサ、ミゾソバ、タデ、キシュウスズメノヒエ等が夏草です。

夏草は夏に向かって営みを盛んにしていく草ですので、いったん刈ってもすぐに伸びてきます。できるだけ茎を残さないよう、ていねいに刈っていきます。

刈った草はそのままその場に寝かせます。畝全体の草刈りが終われば、畝の上の草の厚さが均一になるようにしておきます。

●条間と株間を決める

条間《すじま》とは苗の一列と一列の間、株間とは一株と一株の間を言います。

条間は40㎝とします。この幅は、田植えの後、7月から8月前半にかけて、稲と稲の間に入って草刈り作業をおこなうため、人が入ることができる幅です。

40㎝より狭いと、作業をする時に稲を倒してしまいます。40㎝より広いと、条間に太陽の光が多く入り、草の生長も盛んとなり、稲が草の勢いに負けてしまいます。条間が広くなれば、草刈りの面積も増えることになります。

株間は20～40㎝とします。品種や気候、気温や日照時間、水温や水量、田んぼの状態等によって、稲の生長が異なりますので、株間も変わります。

分けつ期間（茎数を増やしていく期間）の長い晩生品種を植える場合や、温暖な気候の地域、日照時間の長いところ、自然農を重ねて土が豊かになっている田んぼ、水保ちが良い田んぼは、株間を広くします。茎数を増やしていくための空間をゆったりととり、一株の生長を大きくします。

分けつ期間の短い早生、冷涼な気候や日照時間の短い地域、やせている田んぼ、水保ちが悪い田んぼ、水が冷たい田んぼ等の場合は、株間を狭くして、植える苗の数を多くします。

川口由一さんの田んぼでは、条間40㎝、株間30㎝（早生）、35㎝（中生・晩生）の一本植えにしています。

●条間の割り付けをして作付け縄を張る

田植えをする方向を決めます。基本的には南北方向に苗を植えていき、苗の東側からも西側からも太陽の恵みが届くようにします。

苗を植える条間の割り付けをして、畝の両端に目印となる棒を立てていきます。４ｍ幅の畝であれば、両側に20㎝をあけて、40㎝間隔に10本の目印の棒が立ちます。

一列目に作付け縄を張ります。

株間を決め、木の棒などに株間の間隔で印をつけ、田植え時に用いる物さしをつくります。

作付け縄を張る

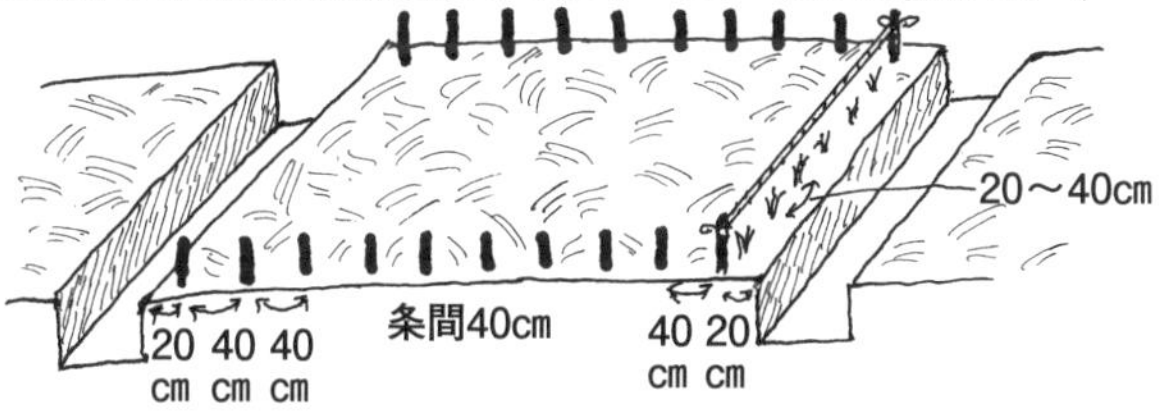
先に目印の棒を畝の両側に立てておく
作付け縄を張って株間
20～40㎝で植えていく
20～40㎝
20 40 40
㎝ ㎝ ㎝
条間40㎝
40 20
㎝ ㎝

苗の植え方

●苗床から苗箱に苗を移す

鍬を使って、土を３㎝程度つけて苗をすくい取り、苗箱に移します。

鍬ですくいとったひとかたまりのままを苗箱に入れます。

●苗を植える

苗箱から苗を一本取り分け、植えていきます。

取り分ける時には、片手で苗のかたまりを支え、もう一方の手で一本の苗を土ごと外します。苗を傷めないように、ていねいに扱います。

苗を一本に取り分ける作業は、植える直前におこないます。苗床から苗をとる時に一本ずつに取り分けておくこともできますが、根が乾燥して、苗を弱らせてしまうことになりますので、苗箱にはかたまりのまま入れておき、植える直前に一本ずつ苗を取り分けて、そのまま新たな大地に植えていきます。

●一本植えが基本

自然農では、一本植えを基本とします。

一本植えにすることによって、茎葉が衝突することな

生長した苗を鍬ですくい、苗箱に移す

イナゴも苗の葉を食べて成長するが、それで苗の生長が損ねられることはない

く、さまたげるものなく、伸びやかに生長していくことができます。一粒の種籾から生まれてくる次のいのちの籾は1000~3000粒と言われています。茶碗一杯の米粒は約3000粒です。一本の苗が持っているいのち本来の営みを十全に展開させることができれば、豊かな実りをもたらしてくれます。

二本植え、三本植えとする場合は、互いに茎葉が衝突して分けつをさまたげ合うことにもなります。

ただし、分けつ数が少なくなることが予想される場合には、二本植えを考慮します。例えば、日照時間が短い場合、水が冷たい場合、田植えが遅れて分けつ期間が短くなる場合、あるいは分けつ期間が極端に短い極早生の場合などです。

また、苗の生長が良くない場合や、小さな苗しかない場合も、二本植えとします。

田植えが遅れ、苗が大きくなりすぎて35cm以上となっている場合は、葉先を2~3cmちぎって植えます。葉先をちぎることで、茎が折れることを防ぎ、また、活着するまでの苗に負担がかからないようにします。

●植え穴をつくる

作付け縄に添って物さしを置き、株間の目印のところに、のこぎり鎌を用いて、適当な深さと広さの穴をあけます。

苗箱から苗を一本取り出し、苗についている土の量に応じて、植え穴の大きさを調整します。あるいは苗についた土が多すぎれば、植え穴に応じて余分な土を落とします。

●苗を植える

土がついたままの苗を植え穴におさめ、掘った周りの土を戻します。この時、苗を植える深さに心を配ります。根の部分は地中に入れ、根と茎の接点が、ちょうど地表面に合うようにします。

植え方が浅い場合は、根が土の上にあらわれ、土のなかにしっかりと根を張ることができません。稲は安定せず、倒れやすく、身体づくりの営みを十分にすることができません。

植え方が深すぎる場合は、茎を増やしていくための分けつ点となる根と茎の接点が地中に埋もれてしまい、分けつがさまたげられてしまいます。

植える時には、浅すぎず深すぎず、苗床で育っていた時の状態と同じ深さに植えられるようにします。また植えた苗の根元に土をかぶせる時には、根を傷めないように、そっと土をかぶせ、強く押さえすぎないようにします。

植え終われば、苗の株元の周囲５㎝くらいには、刈った草などを置かずに、分けつできるための空間をゆったりとるように心くばりをします。

田植え時の失敗の多くは、植え方が浅くなっていることです。

苗を植える時に、浅く植えた根の周囲に土を盛って覆い、根が見えなくなっていても、雨が降ったり、田んぼに水が入ると、地表面から上の土が洗われて、高く盛り上がった部分の根が露出します。その場合は、浅植えになっていますので、十分に活着することができません。慣れないうちは、深めに穴を掘って、やや深めに植えるように心がけます。

また、亡骸の層が厚い場合、あるいは耕作放棄地などで十分に朽ちていない有機物が多い場合には、植え穴を深く掘り、有機物が完全に朽ちている層に植えつけるようにします。

一列植え終われば、縄を次の目印のところに張り替えて、同じように植えていきます。

苗を植えるコツ

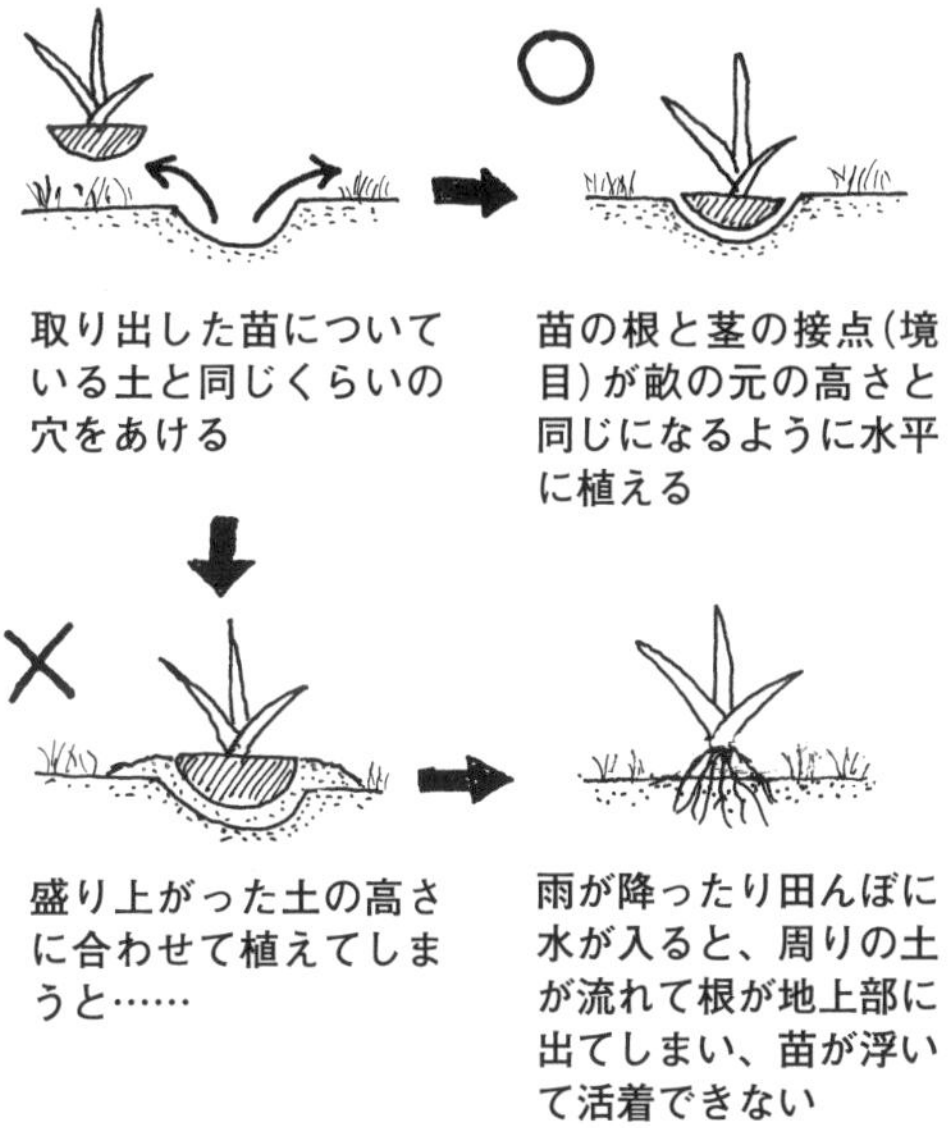
取り出した苗についている土と同じくらいの穴をあける
苗の根と茎の接点（境目）が畝の元の高さと同じになるように水平に植える
盛り上がった土の高さに合わせて植えてしまうと……
雨が降ったり田んぼに水が入ると、周りの土が流れて根が地上部に出てしまい、苗が浮いて活着できない

苗についた土の量に合わせ、鎌で穴をあける

根と茎の接点が地表面に合うように、一本一本確実に植えつける。浅植えに注意する

＊

田植えを始めてしばらくすると、あとどれくらい残っているのだろうか……と、ふと先を見ることがあります。始まりの時は、気が遠くなるような作業のように思えますが、一本ずつ確実に植え、今の作業にひたむきにとりくんでいれば、知らぬ間に半分を過ぎ、やがて終わりの時がやってきます。

果てなき空間に多くのいのちとともに生きていることを感じながら、呼吸を整え、肩の力を抜いて、身体に負担のかからないような作業姿勢を心がけ、囚われることのない心、喜びの心とともに、作業を進めていきます。

一列を植え終わったら縄を次の目印のところに張り替え、同じように植えていく

●苗床のあとを整える（苗代じまい）

田植えを終えたあと、余った苗は、育ちの良くない苗を植え替えるなどし、あとで補植していくために、適当な数の苗を鍬ですくい取って、浅い溝のところにかたまりのまま置いておきます。これを置き苗と言います。あるいは、条間に一本ずつ仮植えしておきます。これを落とし苗と言います。置き苗は、7月中旬頃まで置いておき、あとは処分します。

置き苗や落とし苗以外に余った苗は、苗床の整理をする際に刈りとります。

苗をとった苗床のあとに土を戻し、苗床の周囲に掘っ

苗代に土を戻してから、苗代あとにも苗を植える

苗代の溝土をブロック状のまま元の溝に戻す

た溝にもブロック状のまま土を戻します。苗床が低くなっている場合は、浅くなった溝を修整するなど、別のところから土を持ってきて、できるだけ平らにして元の状態に整えてから苗を植えています。

田んぼのなかの生き物

田んぼには多くの生き物が、生かし生かされながら、ともに生きています。どのいのちもこの田んぼの今の営みに欠かすことのできない尊い存在です。食べて食べられ、生かし合いと同時に殺し合いでもある自然界は、日々その場の環境に応じて新たないのちが生まれてきます。

稲の葉を食べるイナゴ

人の利害によって、ある虫は害虫と呼ばれ、ある虫は益虫と呼ばれます。虫たちは、害虫と呼ばれても益虫と呼ばれても、その場でふさわしいいのちの営みを自ずから展開しているだけです。

時には、稲の生長をさまたげるような虫がやってきて、稲の葉を食べ、茎の汁を吸っていることがあります。あるいは稲の生長が思わしくないこともあります。その場合には、田んぼの環境、周囲の環境、手の貸し方を問い直してみます。起こっている出来事の原因を、できるだけ広い視野から見つめ総合的に考えていきます。すべてのいのちは必要があって自ずから誕生していきます。稲のいのちが十全でないために、虫を呼んでいることも考えられます。

●稲の姿を見る

稲の姿をよく見ていますと、稲が健やかな姿なのか、何かが過ぎて侵されている姿なのか、何かが不足して元気がない姿なのかが見えてきます。

例えば、葉色が濃く、葉が垂れている場合には、養分過多になっていると考えられます。田んぼの水から腐敗臭がしていれば、有機物が朽ちて水に溶け、養分過多になっています。

あるいは草刈りが遅れ、風通しや日当たりが良くないために生長が思わしくないこともあります。あるいは水が足りずに生長できないこともあります。

基本のところでは、水、光、空気の恵みが十分にいきわたっているかどうか、他の草々に負けていないかどうか、養分過多になっていないかどうか等々をよく見て、気づくことがあれば、すぐに改善していきます。

生き物の危害をこうむらないように

稲の営みとは直接関係はありませんが、この頃に活動を盛んにしている生き物から、人が危害をこうむることがあります。

特に春先から秋口にかけて、スズメバチやマムシ等、毒性の強い生き物には十分に気をつけます。また、それほど毒性は強くありませんが、アリ、ブヨ、蚊、虻《あぶ》等にも刺されたり噛まれたりすると、痛み、痒み、発赤、腫れを起こします。田んぼの作業時は、必ず長ズボン、長袖、長靴、帽子、手袋などで皮膚を露出しないようにします。

スズメバチ　スズメバチは、特に8～9月に活動を活発にします。巣に近づけば攻撃をされますので、姿を見かければ、巣が近くにあることが考えられます。黒い色で動くものに対して攻撃的になりますので、頭を白いタオルなどで覆い、姿勢を低くしてゆっくりと下がりながら、その場を離れます。

マムシ　マムシは、攻撃的な蛇ではありませんが、草むらなどにいて、人が急に入って驚かせたりすると、噛まれることがあります。人がいることがわかるとゆっくり離れていきますので、草むらに入る時には、音を立てながら、ゆっくりと入っていきます。

刺されたり噛まれたりしてしまった場合には、すぐに指で毒を絞り出し、傷口をきれいな水で洗い流し、ポイズンリムーバーなどで毒を吸い出し、安静にして、できるだけ早く医療機関で受診します。マムシの毒性は特に強く、いのちにかかわることになります。

＊

田んぼでの作業には危険がともなっています。いつどのようなことが起こるかわかりません。何かあった時にはあわてずに対応できるように、普段から準備しておくことが大切です。

◆夏の作業

水管理と草管理

水管理

初夏から夏にかけて、稲は、太陽と水の豊かな恵みを受けて、茎葉を増やす身体づくりの営みをします。やがて時期がくれば、次の子孫を宿す開花交配の営みとなります。稲の健やかな生長に、水は欠かすことのできないものです。水田における水管理は、昔から水見《みずみ》半作とも言われ、稲作における大切な仕事です。

稲は水に生かされ、水を好む草ですから、水が少なければ生長できません。反対に水が多すぎても軟弱な稲となります。気候や気温、日照時間、水温、水量、あるいは土や草の状況等によって生育が異なっていきますので、稲の姿や田んぼの様子をよく見て、実情に応じながら適切な水管理ができるように調整していきます。

自然農の稲作では、夏の期間の水の管理と、分けつ期における草管理が、稲の生育に大きく影響します。

自然農での水管理の基本は、間断灌水《かんだんかんすい》です。畝の上数cmまで水を入れたら、取水口をいったん閉めて水を溜め、やがて自然に水位が下がって溝のところに水が残る程度になれば、再び取水口を開いて新たに水を畝の上まで入れる、ということを繰り返します。

山間地の棚田などで、水が田んぼからすぐになくなってしまうようなところでは、毎朝、水を畝の上まで入れます。排水口の高さを調節して、掛け流しにする場合もあります。常時水を張りつめておかないことで、稲は根をしっかりと張って、たくましく育っていきます。

しかし、それぞれの田んぼの状況によって違いがありますので、形に囚われず、状況に応じた水管理が必要になります。水管理に際しては、以下の四つの要素を考慮して臨機応変に対応していきます。

水管理の留意点

●稲は水を必要とする

稲の生育には水が必要です。基本的には、水の恵みが稲に十分に届くような配慮が必要になります。

特に亡骸の層のないところでは、溝の水だけでは十分に水が届かないことがあるので注意します。

稲の生長や田んぼの様子を見ながら、水を落としたり入れたりする

●有機物に冒されないように注意する

自然農を何年も重ねて腐植土の層がある場合、あるいは刈った草が多く有機物が多い田んぼでは、水を入れると、有機物が急速に朽ちていきます。水面に油状の膜ができ、腐敗臭を発することもあります。

その場合には、有機物が分解していく過程で、水のなかに溶け出したものが苗の根を冒し損ねてしまいますので、いったん水を落とし、地表面を空気にさらしてガス抜きをします。

●稲の生理を考慮する

田植え直後の活着期、分けつ期、穂ばらみ期から開花交配期は、特に水を必要とする時期だと言われています。健やかな営みができるよう、稲に十分な水が届くように配慮します。

●水は雑草の発生を抑える

湛水状態では、土のなかに酸素が行き届かず、雑草の発生を抑える働きもあります。稲の苗が幼いうちは、草に負けないように水の働きを生かすことも、農の技術の一つです。水の入りにくい田んぼは、草刈り作業が増える傾向があります。

稲に答えを尋ねる

水管理の極意は、稲に答えを尋ねることです。稲の姿を見て、養分過多、水分過多を察知すれば水を落とします。元気不足、水分不足を感じれば水量を増やします。

一つの目安として、稲の葉の色や姿から判断します。品種によって葉の色や姿は異なりますが、分けつ期においては、黄緑色が健康な葉の色です。葉の色がやや薄めで、葉がピンと立っていれば生育は順調です。葉の色が濃く、葉が下にダラリと垂れている場合は、養分過多となっていますので、水量は控えめにして茎葉の生育の経過を観察します。

慣行農法での水管理の一例

参考までに慣行農法での水管理の一例を記します。慣行農法の水管理も、気候や気温によって異なり、統一されたものではありません。また、自然農では必要のない対応もあります。適切な水管理ができるよう、学びを深めていきます。

活着期　植え傷みによって活着が遅れないように、深水管理にします。

分けつ期　分けつを促し、根の張りを良くするために浅水管理を基本とします。

分けつ後期　一株に20本程度の茎数が確保できれば、水を抜いて田んぼに軽くひびが入るまで土を乾燥させる中干しをおこないます。

中干しの目的は、土中に酸素を供給して根の活性力を高める、土中の有害ガスを抜く、窒素の吸収を抑えて過剰な分けつを防ぐ、土が締まることによって倒伏を防止する等があります。

幼穂形成期～出穂期　水を最も多く必要とする時期ですが、気温が高くなると根腐れを起こす可能性もありますので、田んぼの状況によって間断灌水（間断的に水を与えたり、給水したりする）ともします。出穂10～14日前の穂ばらみ期や出穂期は、水不足が穂の生長に大きく影響するので、水を切らさないようにします。

結実・登熟期　根の活力を維持していくために、間断灌水とします。落水（田んぼの水を抜くこと）は、玄米形成がほぼ完成する穂かがみ期（稲穂が垂れ始めた頃）で出穂後30日を目安とします。

自然農での水管理の応用

自然農では、稲や田んぼの様子を見ながら、時に水を落としたり、あるいは水がなくなってから新たに水を入れることを基本にしており、土中にも酸素が適度に供給されているため、中干しをおこなう必要はありません。

また、自然農を十数年重ね亡骸の層がある水田では、草が多く土も豊かになっていますので、水管理にも工夫が必要です。水を入れると亡骸の層の養分が水に溶けて養分が過剰となることがあるからです。その場合は稲の様子を見ながら、水を控えめにする、あるいは養分過多の水をいったん落としてから新たな水を入れる、あるいは水を入れ続け、掛け流しにしたりします。

なお、田んぼの中に高低差がある場合は、全体の様子を見ながら適当な高さに水位を調整します。水が入っている時期に、畝の高い場所と低い場所を確認して印をつけておきます。稲の収穫が終われば、畝の高低を修整する作業をします。

近年、慣行農法の水田では、稲刈りの時期が早くなり、8月の終わりから9月初めには水を落とすところが増えています。共同で水を管理している場合は、早い時期に用水路から水がなくなることがあります。9月中も水を入れることができれば理想的ですが、たとえ水を入れることができなくても、自然農の場合は、草があることによって湿りが保たれ、天水だけでも実っていきます。排水口を閉めたままで、雨の恵みを受けられるようにしておきます。

水が入れられるところでは、間断灌水としながら稲の生長に合わせ、10月初め頃には、取水口を閉めて用水路から水が入ってこないようにします。排水口は、雨が降れば溝一杯に水が溜まるように高さを加減します。

その後、稲刈りの1〜2週間前になれば、排水口を開放し、溝にも水が溜まらないようにします。

田んぼに水を入れている間は、日々の田んぼの見回り作業が欠かせないものとなります。稲の姿をよく見て、水量が適切かどうかを判断して調節します。また、畔から水が漏れていないか、モグラが穴をあけていないかなどを確認し、水が漏れているのを見つければ、ただちに修復をします。

自然農の水管理は、基本を知った上で、その地域の気候と天候、田んぼの状況、土や亡骸の層の状態、水環境、稲の生長に応じて、最善の答えを出していくことが求められます。学びと経験を重ねるなかで、確かな答えを導きだせるように私たちも育っていきます。

草刈り

田植えを終えた水田では、稲が活着し、茎数を増やして、たくましく生長していきます。この時期は、周囲の草々も、太陽と水の恵みを得て急速に生長します。草も大切ないのちですが、稲の健やかな営みがはばまれないように、周囲の草の生長をいったん断ち切ります。

稲が太陽と風の恵みを得るために、また、茎葉を伸ばしていく空間を得るために、あるいは根の張りを良くしていくために、草刈りは欠かすことのできない大切な作業です。適期に的確に作業を進めることによって、豊かな実りへとつながっていきます。

草を刈る時期は、稲と草の生長を見ながら、稲が草に負けてしまわないうちに、おこないます。田植え後、苗が活着したら8月初旬までに2〜3度、苗刈りをおこないます。

草の状況によっては、草刈りがさらに必要な場合もありますので、ここに記載したことに囚われずに、それぞれの田んぼの状況に合わせて、作業を進めます。草刈り作業時には、畝の上に水がない方が身体に負担なく進められます。

草刈りの留意点

7月におこなう一度目の草刈りは、刈っても草がすぐに伸びてきますので、茎を残さないように、地上部ぎりぎりから、ていねいに刈り取ります。

草刈りのポイント

刈る
刈らない
刈る
草刈りは一列置きに刈る
茎を残すと翌日には２㎝ほど茎を伸ばす草もある
地表面に鎌の刃先を沿わせ、草の茎と根の接点で刈り取る。刈った草はその場に寝かせる
苗が分けつする空間を与えてやるために、刈らない条間側も苗の株元はていねいに刈る

刈った草はその場に寝かせます。その場に置いておくことによって、やがて朽ちて稲の養分に回っていきます。根が浅いミゾソバなどの草は、手でむしって裏返しにしておくこともあります。分けつをさまたげないように、株元周辺は特に、ていねいに刈り取ります。

二度目の草刈りは、茎のなかで幼穂が形成される8月初旬までに済ませます。作業が遅れたとしても、お盆時期までには終わらせます。分けつ期の前半に草を刈る場合は、地上部に茎を残さないように刈りますが、8月に入り幼穂形成が間近になっている時は、稲の細い根が亡骸の層の上に出てきていますので、稲の根を損ねないように、地上部から数cm上部で草を刈ります。

草刈りは、条間ごとにおこない、一列置きに刈ることを基本にします。一列置きに進んで、仕上がれば、残した一列に進みます。一列ごとに草を残すことで、ともに生きる虫たち小動物の棲みかや食べ物を残しておくことにもつながります。

幼穂の形成時期に入ってしばらくすると、扁平だった稲の茎が、下の方からふくらんで丸くなっていきます。茎を増やす身体づくりの営みから、次の子孫を宿すための営みに入ると、根や茎は再生されにくくなります。茎を折ったり、根を切ってしまわないよう注意します。幼穂形成期は、品種などによって異なりますので、稲の生長を見ながら草刈り作業を進めます。

＊

畦の草刈り、大豆の足元の草刈りも進めます。畦に草が茂っていると水漏れを発見できず、いつまでたっても水が溜まらない原因になります。畦の草を適度に刈り、刈った草は田んぼのなかに入れます。

また、鍬を用いて畦塗りをした斜面を削り取り（ケラ離し）、大豆の足元の草を削り（削り出し）、その削った土を大豆の足元に寄せます（削り込み）。

ケラ離しをしたあとの畦の斜面は、水をかけて再び軽く塗ります。オケラなどの小さな虫たちが畦にあけた小さな穴を修復して畦を保ちます。畦の草も刈って風通しを良くしておきます。

草の根元に鎌の刃先を入れて刈り取り、その場に寝かせる

一回目の草刈りでは一列置きに刈る。風通しと日当たりが良くなる（7月下旬）

二回目の草刈りでは、前回刈っていなかった条を一列置きに刈る（8月上旬）

稲の開花時期の対応

出穂の時を迎えます。穂を出したその日のうち、あるいは翌日から、可憐な白い花を次々と咲かせます。

稲の花は風媒花（おしべの花粉をめしべに運ぶのに風を媒介にする花）です。おしべからめしべに花粉が運ばれることによって、受粉の営みがおこなわれます。

開花の営みは、晴れた日は午前9時頃から14時頃まで、曇りの日にはやや遅く始まり16時頃まで続きます。受粉は開花して2〜3時間で完了し、受粉が終わると20〜30分で花は閉じて、再び開くことはありません。稲穂の先端から開花が始まり、穂全体が開花するには1週間くらいかかります。

美しく神聖な営みのこの時期には、決して田んぼに入らないようにします。大切な営みを損ねることのないように静かに見守ります。

その後も、背丈を伸ばす草々をそのままに任せておき、田んぼの中には入らないようにします。

穂が出はじめると当日、または翌日から白い花を咲かせる。受粉後に花を閉じる

＊

夏の暑さが厳しいなかでの草刈りは、大変な作業です。40㎝の条間に入り、膝をついて、鎌で草を刈りながら前に進みます。

作業が身体に負担となる場合は、草刈り鍬（ホー）を用いて草刈りをおこなうこともできます。草刈り鍬を使うには、コツがありますので、経験するなかで工夫を重ねます。また、草刈り鍬の切れ味が落ちないよう、草刈りがある程度進んだら、鍬の刃を研いで、次へ進みます。

田んぼに生える草

●草の種類と変化

田んぼに生える草は、場所によって、あるいは時の経過とともに変わります。日当たりや湿り具合、水の入り方、土の状態、それまでの田んぼの状況、草々の重なり、あるいは自然農を重ねるごとに草の種類も変わっていきます。

ミゾソバやイボクサ等は、根が浅く、刈り取ってもすぐに根をつけますので、根が上を向くようにひっくり返してその場に置いておきます。

キシュウスズメノヒエは、茎を伸ばし、次々に枝分かれしながら広がっていきます。茎が稲株の足元に入り込

田んぼの草や畔草のカレンダー

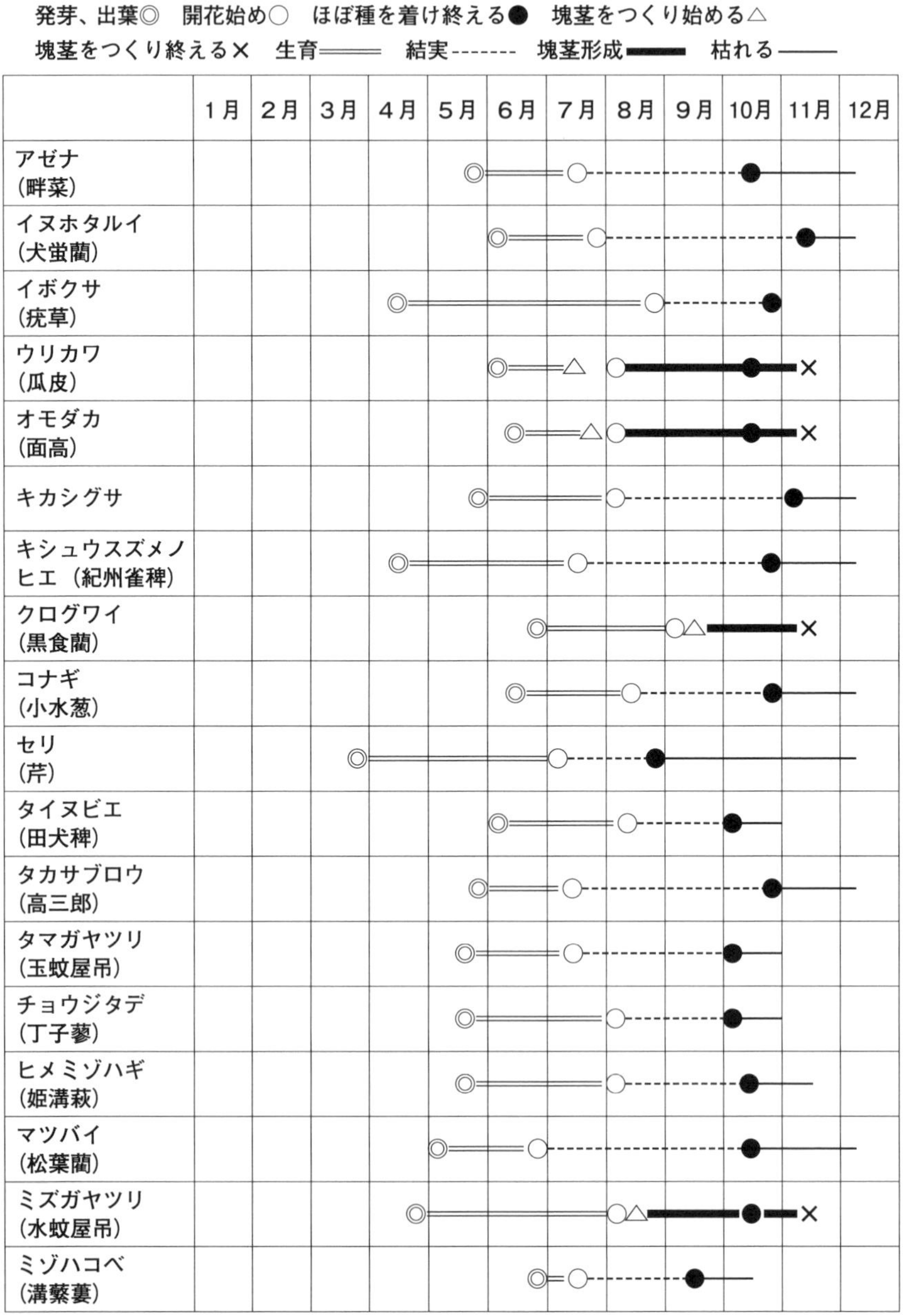

発芽、出葉◎　開花始め○　ほぼ種を着け終える●　塊茎をつくり始める△
塊茎をつくり終える×　生育═══　結実-------　塊茎形成▬▬▬　枯れる───
1月
2月
3月
4月
5月
6月
7月
8月
9月
10月
11月
12月
アゼナ（畔菜）
イヌホタルイ（犬蛍藺）
イボクサ（疣草）
ウリカワ（瓜皮）
オモダカ（面高）
キカシグサ
キシュウスズメノヒエ（紀州雀稗）
クログワイ（黒慈藺）
コナギ（小水葱）
セリ（芹）
タイヌビエ（田犬稗）
タカサブロウ（高三郎）
タマガヤツリ（玉蚊屋吊）
チョウジタデ（丁子蓼）
ヒメミゾハギ（姫溝萩）
マツバイ（松葉藺）
ミズガヤツリ（水蚊屋吊）
ミゾハコベ（溝繁蔞）

注：嶺田作図（瀬戸内地方での例）
『田んぼの学校入学編』文・宇根豊、絵・貝原浩（農文協）より

んで根を張ると、稲の分けつをさまたげます。伸びた茎を刈り取ると同時に、株元は地中に鎌を入れて一株ごとにしっかりと刈り取っていきます。また、刈り取った茎が地面に触れたままですと、再度地中に根を張っていきますので、地面に触れないよう、刈った茎は他の草の上に乗るように置いておきます。

セイタカアワダチソウやヨモギ、カヤ等は、宿根草、多年草ですが、水を入れるといのちが絶えていきますので、他の草と同様に、茎と根の接点から刈り取ります。

カヤツリグサやイヌビエ等は、刈ってもすぐに茎を伸ばしますので、茎を残さないように根元から刈るように注意します。特に、イヌビエの茎葉は、稲に姿形が似ています。判別がつかず見落としてしまいますと、稲よりも生長が早く、背も高く、稲の背丈を越して、花を咲かせ実ります。稲とイヌビエとの違いを、草の姿や触ってみた時の感触で見分けられるようにします。

ウンカやメイチュウなどの虫たちは、茎の柔らかなイヌビエを好むと言われています。また、イヌビエも生命力が強く、刈り取った茎に根がついていれば、再び地中に根ざしていきます。刈り取ったものは草の上に置く、あるいは茎を地上部数cm上と、地上部の際との2段階に分けて刈るなど工夫します。

●草は虫の食べ物にもなる

草々は虫たちの食べ物にもなりますので、稲の生長をさまたげないようであれば、多少残っていても問題はありません。

出穂のあとは、田んぼに入らないようにし、あとから生えてきた草も生えるに任せておきます。水田の草刈り作業は、基本的には、8月のお盆の時期までに終え、あとは稲刈りまで、水の加減をしながら、稲の生長を見守ります。

病虫害への対応

自然農の田んぼでも、田んぼの状況とそこにはぐくまれる稲の生命力の低下によって、病虫害に侵されることがあります。自然農では、病気や虫を退治するのではなく、稲が健やかに育つための田んぼのなかの環境を問い直すことを基本にしています。

病虫害の原因の多くは、肥料過多、養分過多、日照不足、低温あるいは高温、通風不足、多雨、水量過多および不足などによって、稲の生命力が低下し、いのちが軟弱になることから起こってきます。しかし、時に、気温や気候、周りの環境の変化などから、病気や虫が発生しやすい状況となり、健全ないのちであっても、菌やカ

田んぼの生き物カレンダー

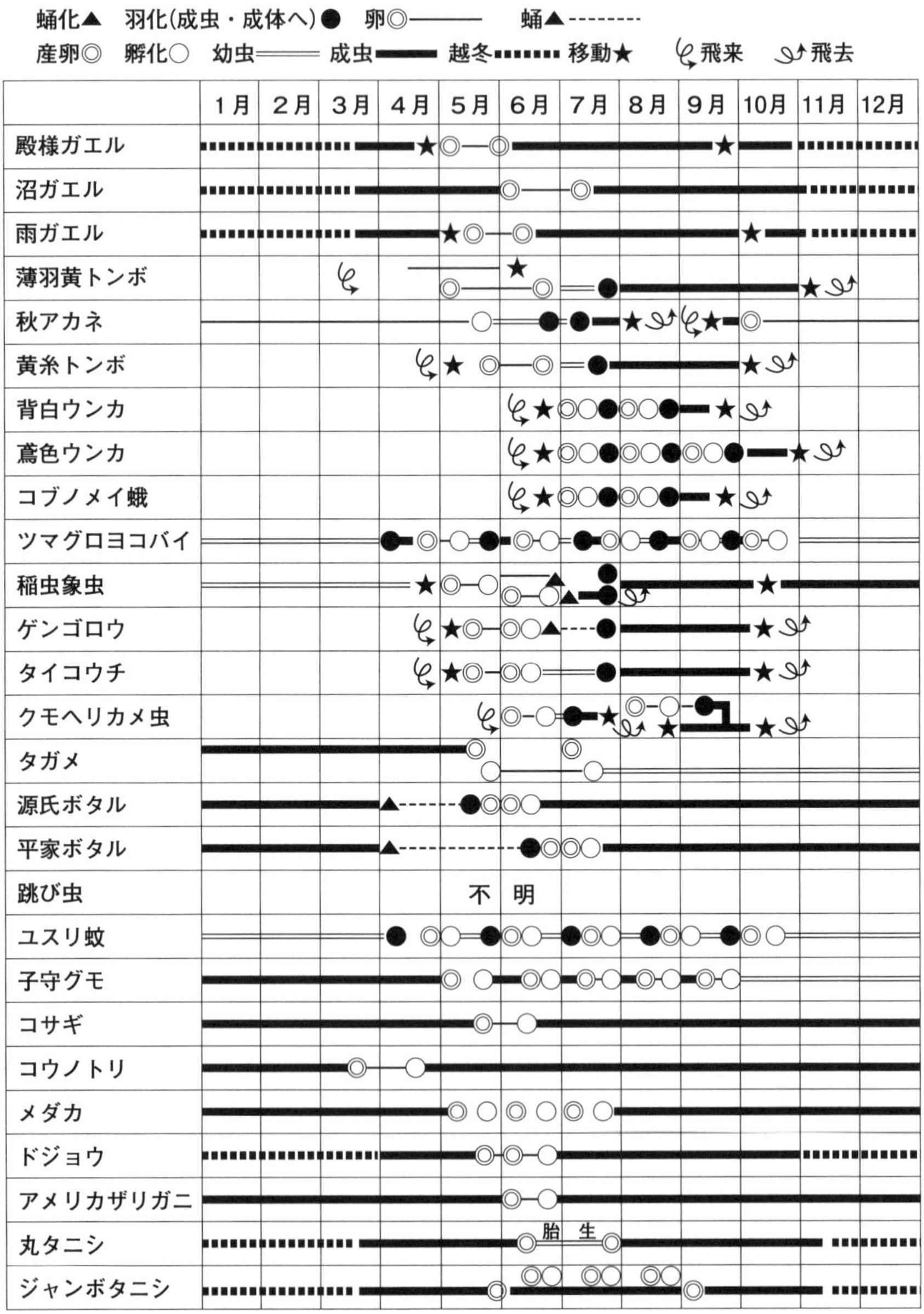

注：日鷹・宇根作図（実際はもっと時期に幅があるが、代表的な例を示してみた。また、成虫と卵、幼虫が並存するものは、卵、幼虫を表示した）
『田んぼの学校入学編』文・宇根豊、絵・貝原浩（農文協）より

ビ、虫などの他のいのちに侵されることがあります。

起こっている出来事に的確に対応していきます。

主な病気

いもち病　いもち病の病原菌はカビの一種で、葉、茎、穂のどの部分でも発生し、黄色から茶色、褐色となり、ひどい時には、熱病に冒されたようになって、枯れていきます。

紋枯病　紋枯病もカビの一種で、水際に近い葉鞘部から現れ、周囲が褐色、中央が灰色の病斑が現れます。病斑が横に広がっていく場合は、それほど問題視されませんが、病斑が上に広がっていく場合は、実りが悪くなります。

白葉枯病、ゴマ葉枯病、萎縮病　カビやウイルス等が原因となり、葉が白くなる白葉枯病、葉に斑点ができるゴマ葉枯病、茎葉が萎縮してしまう萎縮病などがあります。

いずれも、慣行農法では、窒素分を少なくすることや、密植を避けること、畔周辺の草を刈る、病気に強い品種の選択、登熟時期の品種選択、あるいは農薬散布が対策としてあげられています。

自然農における対応としては、状況をよく見て、稲の生命力が本来の力を発揮できるように、田んぼのなかを整えます。

有機物が多い場合は水を減らす、あるいは新鮮な水を入れる、水が少なくて元気がない場合は水を増やす、草が多すぎて風通しと日当たりが良くなければ草を刈って風通しを良くする。養分過多の場合は草を生やし、草に過剰な養分を吸いとってもらう方法もあります。

その他、冬季に米ぬかなどを補いすぎない、密植を避けるなどの対応も考えられます。また、病気や虫に冒された苗は、置き苗から植え替えておきます。

主な虫害

茎を害する虫　茎を害する虫として、ツマグロヨコバイ、セジロウンカ等があり、茎から汁を吸います。ニカメイチュウはガの仲間で、幼虫が茎のなかに入って茎を害します。クロカメムシも茎から汁を吸います。

葉を害する虫　葉を害する虫として、イネミズゾウムシやイネゾウムシが葉をかじります。コブノメイガ、イネツトムシ、イネアオムシなどはガの仲間で、幼虫が葉をかじります。イネカラバエやイネハモグリバエは、ハエの仲間で葉をかじります。

根を害する虫　根を害する虫として、イネミズゾウムシの幼虫が根をかじります。

稲に被害をおよぼす虫の例

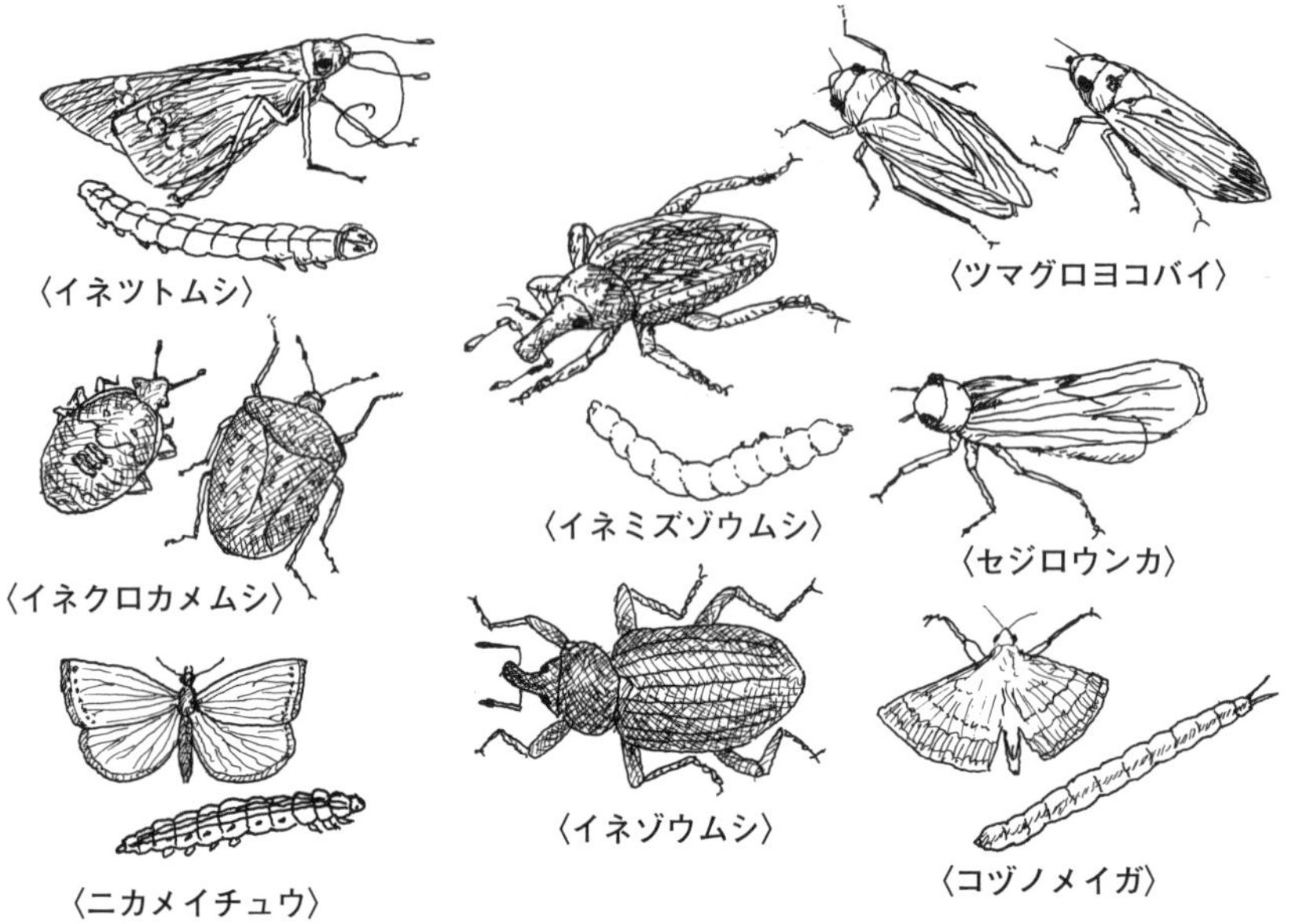

穂を害する虫　穂を害する虫として、カメムシは、実りはじめた稲穂について汁を吸います。

慣行農法では、虫害に対して、水田周囲の草刈りの徹底、農薬散布などで対応しています。

自然農でも、虫によって被害を受けることがあります。基本の考え方は病気になった時と同じです。

ニカメイチュウは、一年に2回発生します。幼虫（淡褐色で褐色の縦縞があります）が茎のなかに入って茎を食べていきます。そのために、茎が枯れます。そのような茎の根元では小さな穴があいていることがあります。ニカメイチュウが入っていると思われる茎があれば、手で茎をしごいて幼虫をつぶします。

8月中旬から下旬にニカメイチュウの被害に遭うと、穂が出なかったり、白穂になることがあります。また幼虫は、稲ワラや刈り株のなかで越冬すると言われています。古くなって虫がついている米ぬかを田んぼに施すことで被害を招くことがありますので、古い米ぬかを施さないようにします。

カメムシの被害がある場合は、見つけたら一匹ずつ手でつぶしていきます。あるいは被害が大きければ、虫取り網で捕まえてから殺します。また、カメムシの最盛期と出穂・登熟期が重ならないような品種を選択する等の対応を考えていきます。

近年、地域によって、カメムシが大量発生して、自然農で健康に育っている稲も大きな被害に見舞われることがあります。

このように一種類の虫が異常に大量発生する原因がどこにあるのかは、農を超えて広い視野から見つめていく必要があります。環境の変化が虫や鳥、動物たちの生態系にどのように影響を及ぼしているのでしょうか。人間の生活が地球環境に及ぼしているさまざまな影響をも省みて、自然とともにある人本来の暮らしを描いていきたいと願います。

台風の被害

出穂初期に台風に遭うと、稲の実りに大きく影響を及ぼします。これから開花するものでは受精障害が起き、茶米（表面が茶色、あるいは斑紋となるお米）や不稔米（実が入らないお米）となることがあります。開花交配を終えて実り始めた籾も、まだ軟らかく、強風によって穂がこすれて傷がつき、傷口に菌が寄生して、お米の表面が褐色になってしまいます。あるいは発育停止を起こすこともあります。

登熟中期以降のものでは、強い風雨により、倒れること（倒伏《とうふく》）があります。倒れた上に、籾が数日水に浸かると呼吸ができなくなり、発育障害が起き、実りに大きく影響します。登熟後期のものでは台風後の排水がよくない場合、あるいは高温多雨が重なれば、籾が水を吸収して穂が一斉に芽を出すこと（穂発芽）もあります。

＊

天候によって、稲の実りは大きく左右されます。台風、冷害、日照り。どのようなことが起こっても、稲の生命力が健全であれば、被害を最小限にとどめることができます。倒伏の一因として、品種（背の高いもの）以外に日照不足、チッソ過多、根の未発達、病虫害など、稲の生命力が低下していることが考えられます。

根の張りがよく、茎がしっかりとした稲を育てれば、少々の台風で倒れることはありません。また、草々虫たちとともにある自然農の田んぼでは生命力が豊かで、稲も生命力にあふれ、異常気象などの変化にも強く、多少の冷害や日照りでも、たくましく生きていくことができます。

大切なことは、稲のいのちが健全に育つように、稲と田んぼの様子をよく見て、稲が必要としていることを的確におこなっていくことです。

◆秋の作業

稲刈り

朝陽を浴びて黄金色に輝く稲穂……。

木々の葉も色づき、山も里も豊かな実りをもたらす秋、稲もいよいよ収穫の時を迎えます。春に降ろした種籾が、夏の健やかな生長を得て、秋に実を結び、天地の恵みをあまねく一身に受けて美しい完熟です。

半年間の月日を生きて見事に実った稲を刈り取り、稲木にかけて天日に干し、太陽の恵みをいただいて、さらに追熟させ、乾燥させます。

稲刈りは、収穫する籾を濡らすことのないよう、晴れた日を選び、稲の葉から朝露が消えてから作業を始めます。また、雨の翌日などで土がぬかるんでいる場合は、刈った稲穂に泥がつくことがあります。米に石が混じる原因ともなるので、土がぬかるんでいるような日を避けます。

稲刈りの適期

稲刈りをおこなうのは、青みがかった茎や葉や穂が黄色くなり、豊かに色づいた時です。

稲刈りの適期は、穂の茎の色が、3分の2程度緑色から黄色になったものを目安とします。そのような穂が一株当たり3分の2となり、そのような株が田んぼ全体の3分の2となった頃が、稲刈りの適期です。

茎がすべて黄色くなるまで田んぼで完熟させますと、先に出穂した順に茎に力がなくなり穂首が折れたり、稲が倒れ、雨が続くと穂発芽することがあります。あるい

健やかな生長を経て完熟の時を迎える

草々、虫たちとともにある自然農の田んぼの稲は生命力に満ちあふれている

は乾燥が進んで胴割れ（お米に亀裂が入り、精米した時にお米が砕かれる）になるとも言われています。

反対に、稲刈りが早すぎる場合は、完全に熟していないため、粒が小さくなり、未熟な青色のお米が多くなります。慣行農法では、早刈りが勧められている地域もありますが、お米が宿したいのちの完熟程度によって、食味、あるいは食べるわたしたちの身体に働きかける力に違いがあると考えます。完熟すればするほど、お米は本来のいのちを全うして充実したいのちとなっています。

霜が降りる時期は地域によって異なりますが、刈り取り前、あるいは刈り取り後の稲掛け時に霜に当てると、寒さに対応してお米に糖分が出てくると言われています。霜に当たることでいのちが引き締まり、さらに豊かなおいしいお米になります。

稲刈りまでの準備

稲刈りをおこなう1～2週間前頃には、排水口をあけ、完全に水を落とします。稲刈りまでに、あらかじめ準備しておくものがあります。

刈った稲を束ねるため、ワラが必要です。初めて稲作をする場合は、近くの農家の方、自然農をしている方に分けていただきましょう。

刈った稲を干すためにかける道具は第1章でも触れていますが、地域によって稲木、稲掛け、稲機《いなばた》、稲架《はざ》など、呼び名も材料も形も異なります。大和盆地では、稲木、稲掛けと言い、稲をかける棒を竿と言い、竿を支える棒を足と言い、どちらも杉や桧の間伐材を用います。

竹のあるところでは竹を用いてもかまいませんが、滑りやすく、割れやすいので、扱いに注意します。竹を用いる場合は、秋口から冬の間、竹の水分の吸いあげが少ない時期に切り出して、雨の当たらないところで乾燥させておきます。竹に水分が多い時に切り出すと、竹が腐ってしまいます。足の長さは１７０㎝を目安とします。

足となる木は、幹の太い方を下にして地面に差し込んで使います。あらかじめ、地面に差す側の面をナタなどで三面に削っておきます。

稲掛けの足を地面に打ち込むのに木槌を使います。また、組み立てた稲木をくるためにワラ縄を用意します。太すぎず細すぎず、扱いやすいものを使います。

稲の刈り方

●稲を刈る方向を決める

稲が倒れている場合は、倒れている方向に向かって作業を進めます。反対側から作業をすると、稲を起こしてから刈り取る作業となり、作業効率が悪く、時間がかかります。稲が倒れていなければ、刈った稲を置く場所などを考慮して進む方向を決めます。

右利きの人は右手に鎌を持ち、左手で稲をつかみ、刈った稲を左側に置いていきます。左側に刈った稲を置く空間が確保できる場所から始めていきます。

●鎌で刈り取る

稲に向かって両足を大きく開いて立ち、やや腰を落とし、左手は順手（親指が上側）で稲の地上部20㎝ぐらいのところをしっかりとつかみ、株元（地上部3～5㎝くらいを目安）に鎌を当て、手前に一気に引いて刈り取ります。

稲を刈る方向

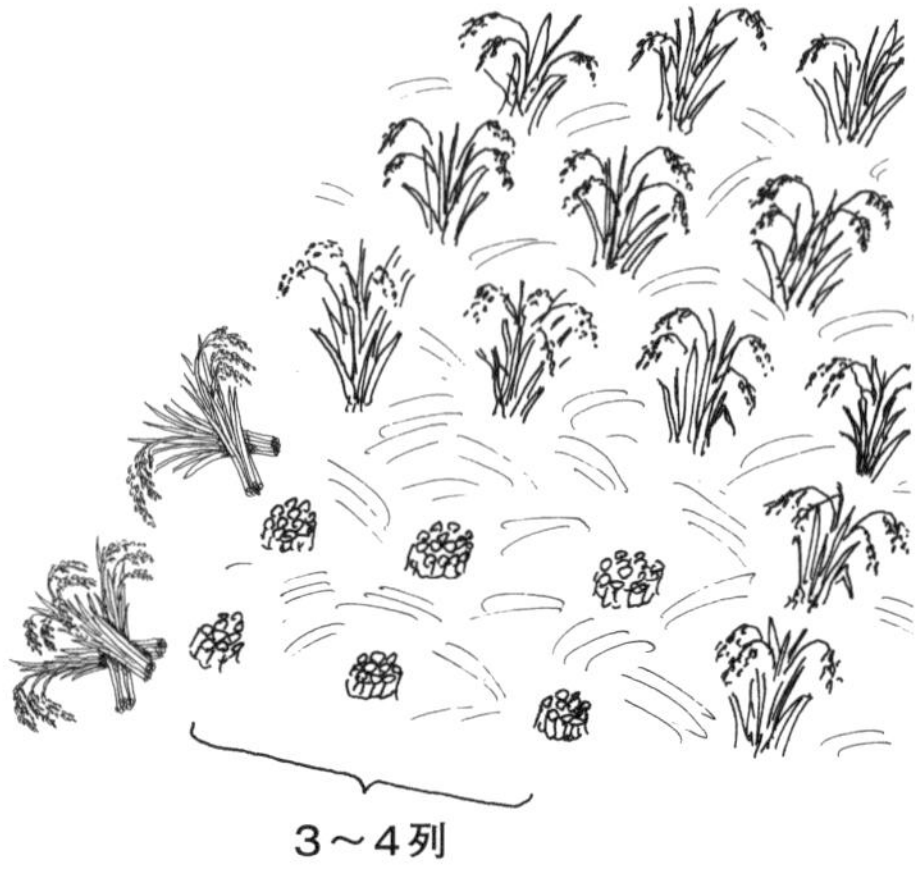

〈右利きの場合〉
右から左へ刈る。3～4列刈って、左側に刈った稲を置く

立って刈り取るのが難しい場合は、無理をせず、腰を落として刈り進めます。

鎌を前後にゴシゴシと引くような使い方をせず、鎌を地表面と水平の角度に当てて、一息で手前に引きます。

周りに草が多い場合は、多少草が入ってもかまいませんが、なるべく草をつかまないように稲をつかみます。

身体を移動させなくても手が届く範囲の幅で刈っていきます。目安としては、3列から4列になります。左手に刈った株を持ち、さらに左手につかむことができる稲株を、右から左に向かって刈り進み、左手がいっぱいになれば、左端の地面の上に置いていきます。

品種によって背丈の長い稲がありますので、稲木にかけた時の高さを考えて刈る高さを調節します。茎が長いと、稲木にかけた時に地面近くまで垂れ下がり、乾燥しづらくなるため、地上部から高い位置で刈り取ります。

●刈った稲を置く

1回目の一つかみは左斜めに置き、2回目の一つかみは右斜めに置き、3回目の一つかみを真ん中に縦に置きます。根元から20～25㎝くらいのところで三つを交差させます。三つが合わさって一束となります。稲穂の先を

左手で稲をつかみ、２～３株を刈り、左側に順に置き重ねていく

稲を刈り取るコツ

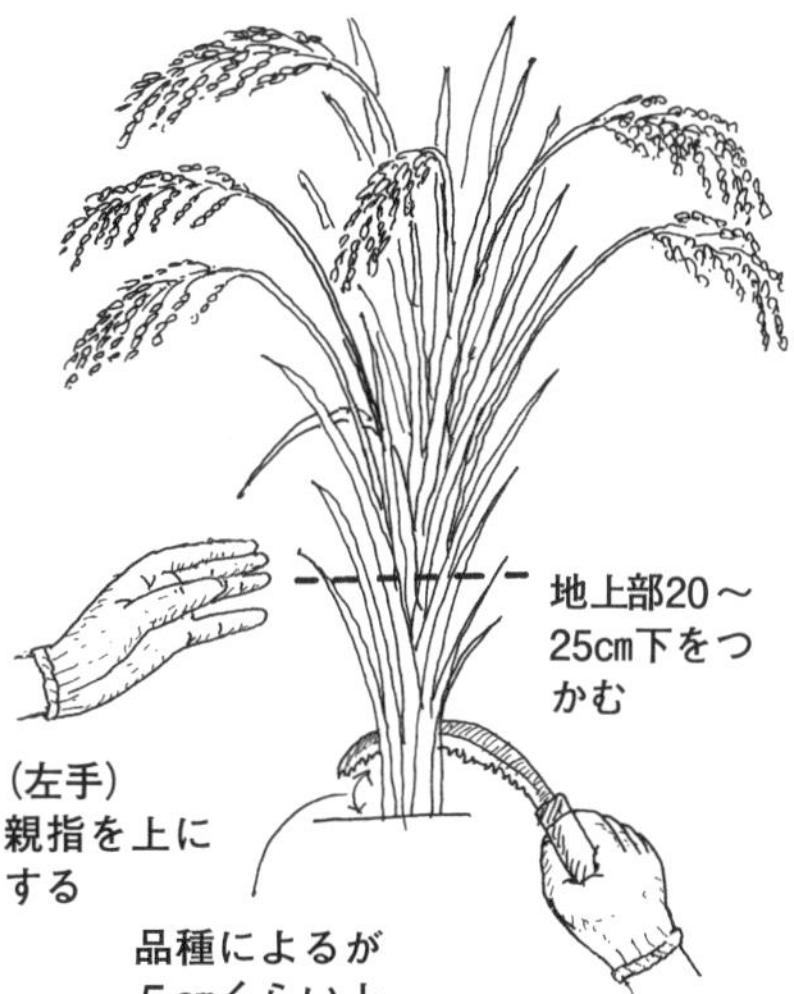
地上部20～
25㎝下をつかむ
（左手）
親指を上にする
品種によるが
５㎝くらい上部を刈り取る
右手に鎌を持ち、鎌を手前に一気に引いて刈り取る

広げて、全体で扇型になるようにします（136頁上の図参照）。

こうして3回に分けて稲を置くことによって、稲穂を乾燥させると同時に、あとでワラで束ねたり、かけたりする作業が進めやすくなります。

ワラで束ねる一束が大きすぎれば、稲掛けした時に乾燥が進まず、脱穀の時にも束が重く作業がしづらくなります。反対に一束が小さすぎれば、くくる回数が増えて作業効率が落ちます。一束の大きさの目安として、両手の親指と中指を合わせて輪をつくるくらいにします。

刈った稲の束は、株元が一直線に並ぶように、列の端をそろえて置いていきます。そうすることで、次の作業のくくりワラを配る際にも、ワラで稲束をくくっていく際にも、作業がしやくなります。ほんの少しの心配りで作業効率が大きく違ってきます。

端まで刈り進めば、呼吸をととのえながら歩いて戻ってきて、同様に右から左へと刈り進めます。

2列目の稲束を置く場所は、1列目に並べた稲束から、人が歩くためのスペースをとって並べていきます。

稲の束ね方

●くくりワラの置き方

〈束ね方の手順（稲の左側から向かう場合）〉

❶稲束の横に立ち、株元を右手、穂側を左手に下から持つ

❷右手を手前、左手を向こう側に、稲束の上からあてる

❸ワラで稲束をくるむように、手前に180度回転させる

❹右手を手前に引き、左手を向こう側に、ほどよく締める

❺右手のワラを、左手の下を通って左のワラに巻きつける

❻左小指側で右手のワラを押さえ、右手を放す

稲を刈り終えれば、稲を束ねるくくりワラを配っていきます。

刈った時にあけておいた通路を歩き、一束に4本のワラを、株元に斜めに置いていきます。配るワラが隣の稲束にかかってしまうと、束ねる際に作業効率が落ちるので、隣の稲束にかからないように斜めに置いていきます。

ワラを置いていく時は、ワラ束を左脇に挟み、左手に小分けしたワラを持ち、両手でほぐしながら4本のワラを取り出して、刈った稲の上に置いていきます。

●束ね方の手順（稲の左側から向かう場合）

①稲束の横に立ち、稲に垂直に向かいます。右側に稲の株元、左側に穂がくるようにします。慣れない間は座って、慣れてくると立ったまま作業できます。結束するためのくくりワラを、株元を右手、穂側を左手に、下からすくいあげるような形に（両手の親指が外側にくるように）持ちます。

②稲を束ねる位置は、株元から5分の1くらいのところにします。束ねる位置が高すぎても低すぎても安定せず、竿にかけた時に落下したり、抜けやすくなります。

くくりワラを持ったまま、右手を手前、左手を稲の向こう側に、稲束の上から覆うようにあてがいます。

③ワラを持った両手で稲束をくるむようにして持ち上

❼巻きつけたワラが緩まないようにしっかり押さえておく

❽左小指側で押さえているワラを右手で上から迎えにゆく

❾時計回りに巻きつけ、右手を手前に引く

❿左手を放す

⓫右手のワラを折り曲げ、半分だけ入れ込む

⓬ほどよく加圧され、外れにくい結束ができる

げ、手前に180度回転させます。左手が手前に、右手が束の下から向こう側に回り、稲束が180度回転し、ワラが稲束の下を通ります。

④ワラを持った右手を手前に引き、左手を向こう側に押し、ほどよく稲束を締めます。

⑤締めたワラが緩まないように気をつけながら、右手が左手の下を通過して、右手で持っているワラを左手で持っているワラに巻きつけます。

⑥左手の小指側の手のひらで、右手のワラを押さえ、右手は放します。

⑦巻きつけた部分が緩まないように押さえます。

⑧左手の小指側で押さえているワラを上方から右手で迎えにいき、左手で持つワラに時計回りに巻きつけていきます。

⑨右手を手前に引きます。

⑩右手のワラが左手に持つワラの周りを「の」の字に1周しました。ここまでくれば左手を放しても大丈夫です。

⑪右手に持っているワラを折り曲げ、稲束を1周しているワラの下に半分だけ入れ込みます。右手の親指で押し込みます。

⑫すべて入れてしまっては、効果がありません。入れ

稲の置き方、束ね方のポイント

〈刈った稲の置き方〉

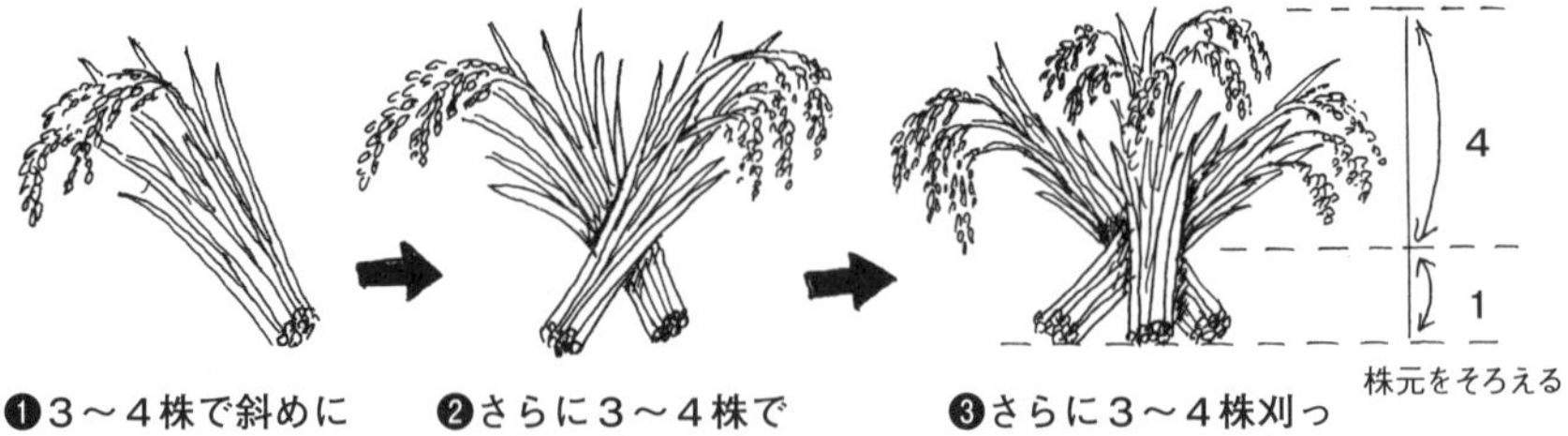
4
1
株元をそろえる

❶3～4株で斜めに置く

❷さらに3～4株で反対の斜めに重ねる

❸さらに3～4株刈って、その上に立て真っすぐに置く

〈稲の束ね方のポイント〉

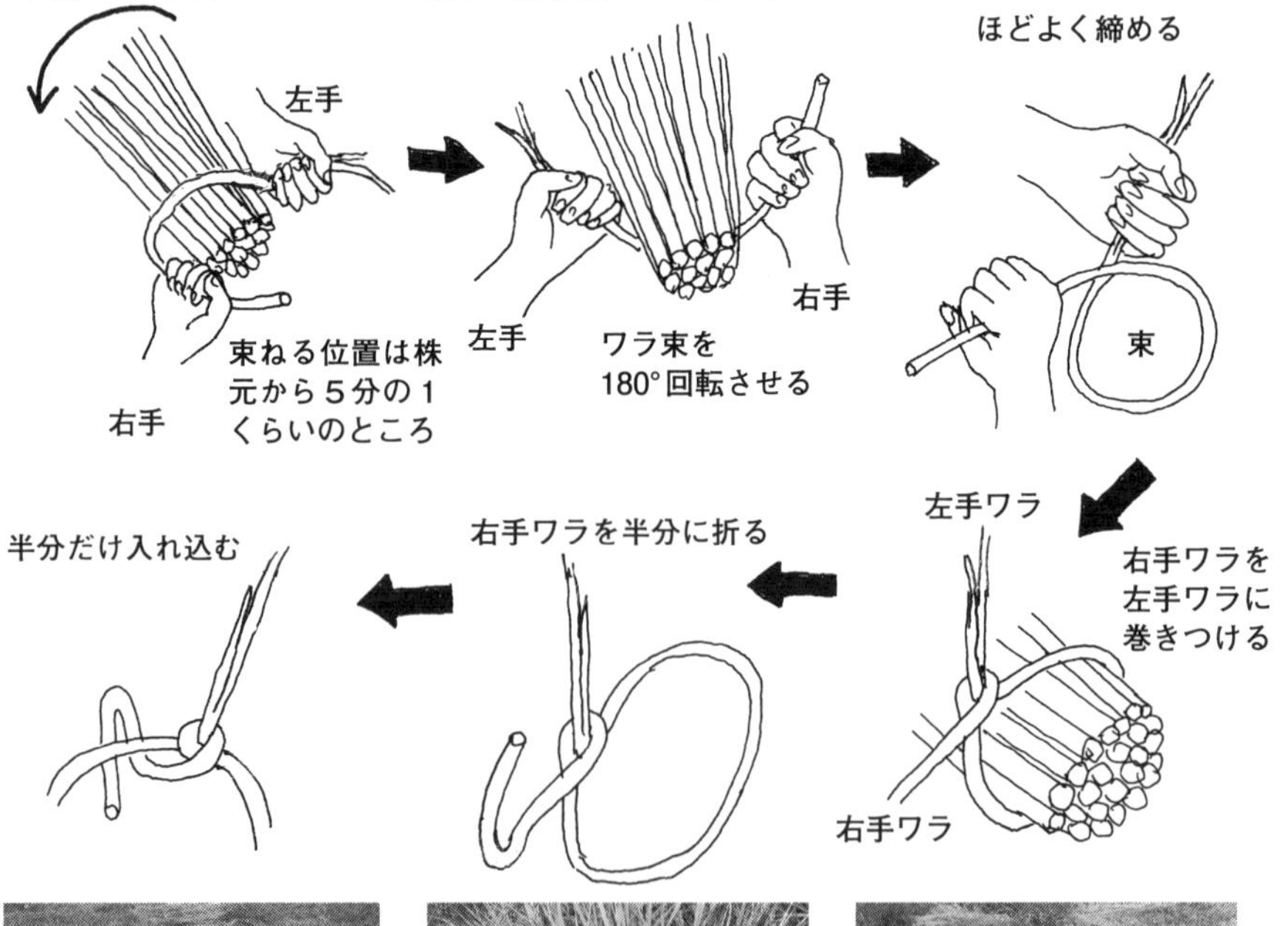
手前に180°回す
左手
右手
束ねる位置は株元から5分の1くらいのところ
左手
右手
ワラ束を180°回転させる
ほどよく締める
束
左手ワラ
右手ワラを左手ワラに巻きつける
右手ワラ
右手ワラを半分に折る
半分だけ入れ込む

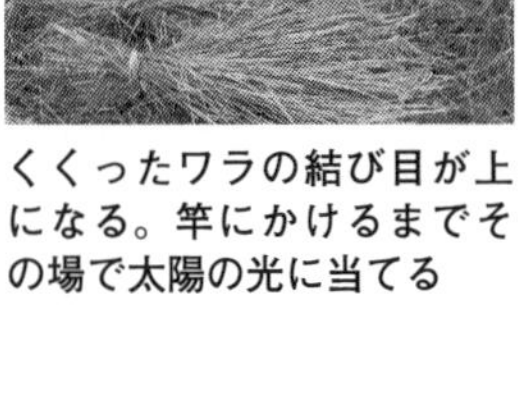

くくったワラの結び目が上になる。竿にかけるまでその場で太陽の光に当てる

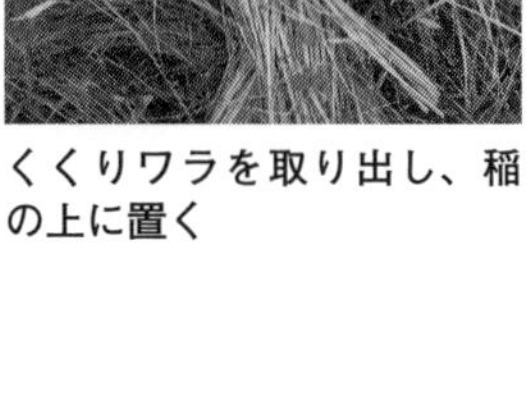

くくりワラを取り出し、稲の上に置く

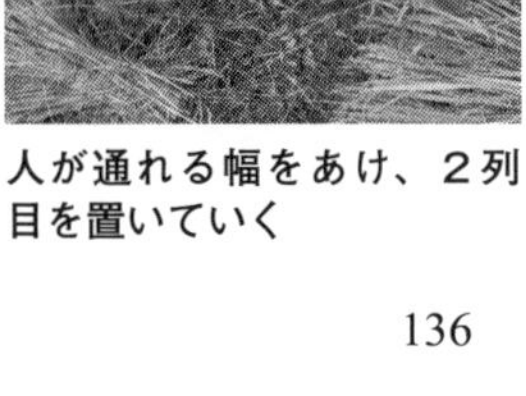

人が通れる幅をあけ、2列目を置いていく

込むワラを二つに折り、半分だけ入れることで、ほどよく加圧され、外れにくい結束になります。

ワラの縛り方が強すぎる場合は、折った部分を入れ込む作業が困難になります。反対に縛りが緩いと、稲木にかけた時に稲が抜け落ちてしまいます。ほどよい強さで縛るようにしていきます。

稲の右側に立って逆方向から束ねていく場合も、くくりワラの持ち手は、右手に株元、左手に穂先として始めます。

種籾を選別する目安

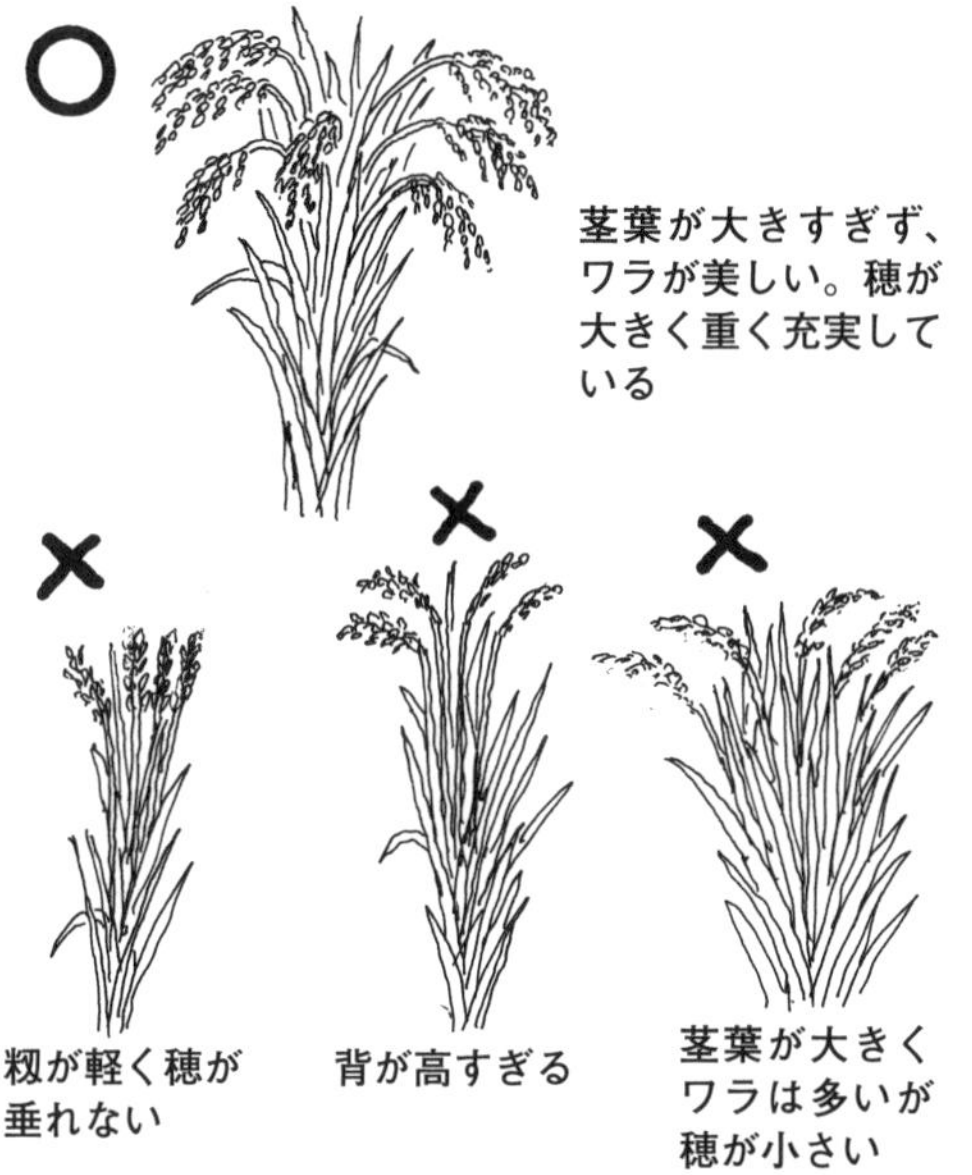
○
茎葉が大きすぎず、ワラが美しい。穂が大きく重く充実している
×
籾が軽く穂が垂れない
×
背が高すぎる
×
茎葉が大きくワラは多いが穂が小さい

束ね終われば、そのままの向きで置いておき、太陽の光を浴びるようにしておきます。

稲刈りをした時、最後にまっすぐに置いた稲の束が一番下側になり、くくったワラの結び目が一番上になります。束ねる前と比べると、稲が表裏返ったことになり、どちらからも日を当てて、竿にかけるまでに稲穂を乾燥させます。

種籾を選ぶ

稲が宿したいのちを次につないでいくために、稲刈りの時に、来年の種籾を選んでおきます。

種籾として選別する目安は、全体の茎葉の姿が大きすぎないもの、背が高すぎないもので、さわやかな姿で、美しく色づき、穂が太く、実が完熟し、刈った時に実の重みを感じるものを見分けます。病気に冒されたものや、茎葉の姿が大きいのに実の入りが良くないものは避けます。

種籾となるものを選んだら、他の稲と別に束ね、種籾であることがわかるように目印をつけて、他の稲と同じように干しておきます。

◆秋の作業

稲掛け

稲掛けの目的と期間

●天日乾燥による仕上げ

稲刈りを終えたばかりの稲は、水分が多く、このまま脱穀収蔵すると、風味が落ち、虫がついたり、カビがついたりしますので、乾燥させる必要があります。

農家の方々は、脱穀したあとの籾を乾燥機にかけているところが多くなっています。

自然農では、刈った稲を稲木にかけ、太陽の恵みと風の恵みを受けて、籾を乾燥させるとともに、さらにいのちを充実させます。天日で干した稲は、時の営みとともに、最後の完熟の営みをおこない、稲が逆さに吊るされることで稲のいのちが米粒に集まってくるとも言われます。おいしいお米への仕上げの時です。

●稲掛けの期間

稲を掛けて乾燥させる期間は、風の強さや日当たり、天候を見ながら調整しますが、2~3週間を目安とします。長い時には1カ月以上になることもあります。

稲木を立てる時には、南北の方向に立てます。東からの朝日、西からの夕日がさして、稲木の両側の稲に太陽の光が当たるようにします。

稲木の立て方は、地方によって異なります。その土地の気候等に応じて最善の形が見出され、受け継がれていますので、その土地の方に教えていただくのが最も良い形です。ここでは、大和盆地で受け継がれてきた方法を紹介します。

稲木の立て方

●竿と足を配置する

稲木を立てる場所に竿を置き、足を2本ずつ、竿の両端と、その間に置いていきます。

竿を支える足の間隔は稲木の太さや長さにより変わりますが、2mを目安とします。

竿と足を配置することで、完成時の姿をイメージしておきます。

●足を仮に立てる

足を地面に差し込む時は、太い方を下にし、体重を乗

稲木の立て方・組み方のポイント

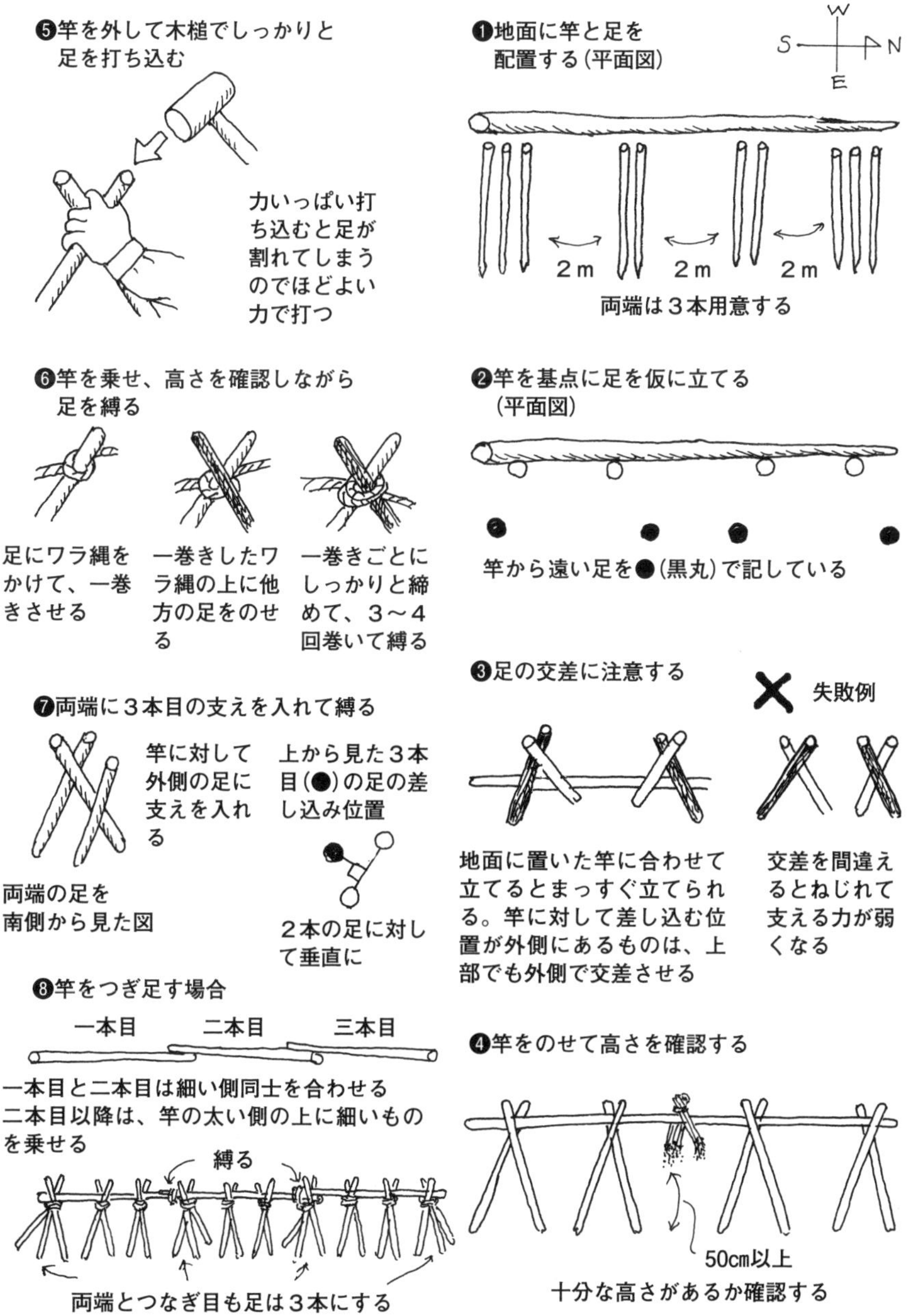
❶地面に竿と足を配置する（平面図）
W
S
N
E
2ｍ
2ｍ
2ｍ
両端は３本用意する
❷竿を基点に足を仮に立てる（平面図）
竿から遠い足を●（黒丸）で記している
❸足の交差に注意する
失敗例
地面に置いた竿に合わせて立てるとまっすぐ立てられる。竿に対して差し込む位置が外側にあるものは、上部でも外側で交差させる
交差を間違えるとねじれて支える力が弱くなる
❹竿をのせて高さを確認する
50㎝以上
十分な高さがあるか確認する
❺竿を外して木槌でしっかりと足を打ち込む
力いっぱい打ち込むと足が割れてしまうのでほどよい力で打つ
❻竿を乗せ、高さを確認しながら足を縛る
足にワラ縄をかけて、一巻きさせる
一巻きしたワラ縄の上に他方の足をのせる
一巻きごとにしっかりと締めて、３～４回巻いて縛る
❼両端に３本目の支えを入れて縛る
竿に対して外側の足に支えを入れる
上から見た３本目（●）の足の差し込み位置
両端の足を南側から見た図
２本の足に対して垂直に
❽竿をつぎ足す場合
一本目
二本目
三本目
一本目と二本目は細い側同士を合わせる
二本目以降は、竿の太い側の上に細いものを乗せる
縛る
両端とつなぎ目も足は３本にする

せて手で仮に差し込んでいきます。
地面が堅くて入らない場合は、木槌で仮打ちします。

横風に対して倒れないように、上から見るとハの字、／＼／＼／＼／＼の形になるように立てます。足を平行に立てた―――――の形では、横からの風に対して倒れやすくなります。

地面に置いた竿を基本の線上とし、その線に沿うように足を立てていくと、足の位置が左右に振れずに真っ直ぐに立てていくことができます。

足を地面に差し込んでいく時に、2本の足の重なり方に注意します。竿の方向に対して外側に差し込んだ足は上部でも外側に、内側に差し込んだ足は上部でも内側で交差させます。足の位置と上部での交差が逆になると、支える力が弱くなり、強い風などで転倒しやすくなります。

木槌を振り下ろし、足を地面に差し込む

1本の足に縄を巻きつけ、もう1本の足をのせて2本の足をしっかり締めて縛る

●竿を乗せて、高さを確認する

掛けた稲束の先端が地面から50cmを目安として高さを調整します。

●木槌で打ち込み、足を地面に差し込む

木槌を使う場合は、木槌がすべって力が逃げてしまわないように、手袋か木槌を少し湿らせておきます。

木槌で打ち込む時は、足の頭に向かってまっすぐに力がかかるように振り下ろします。

力一杯木槌を振り下ろすと、足の頭を割ってしまうことがあるので、ほどよい力でていねいに打ち込みます。

打ち込む深さの目安は、打ち込んだ足を軽く手で押すと、弾力ですぐに元に戻ってくるくらいまで打ち込んでいきます。

●足を縛るための縄を用意する

足の数の縄（足2本で1本の縄）と両端2カ所に支えの足を立てるため、その数を加えた縄を用意します。縄の長さは、両手を広げた長さを目安とします。腰にまとめて結びつけ、必要ごとに1本ずつ外して使います。

●竿を足の上に乗せ、竿の高さと高低を確認しながら、２本の足を縛る

自分の身体から遠い方の足に一回り巻きつけた後、その縄の上にもう一方の足を乗せて縛ります。一巻きごとにしっかりと締め、数回縛って結びます。

●竿の両端に、さらに支えの足を１本ずつ立てる

両端の２本の足に対して、垂直方向に１本、足を差し込んで支えます。

打ち込み方や縄の縛り方は２本の足と同様です。稲木の両端は３本の足で支えることになります。

●竿が多く必要となる場合は、竿と足を足してつなげて長くする

つなぎ目で竿同士が重なるところは、竿の細い方同士を重ねますが、その後は竿の株元の太い方に、次の竿の細い方を乗せてつないでいきます。太い方の上にあとから細い方を重ねていく方が、稲木は安定し、全体の高低差も調整しやすくなります。

竿は必ずしもまっすぐな木ではありませんので、回転させながら最も収まりのよい位置を定めます。

●竿が重なっているところを固定するために、重なっている竿を縄で縛る

竿を長く継ぎ足していく場合には、竿の重なりを縄で縛ります。つなぎ合わせた部分には支えの足を入れ３本足とします。連結が長くなった場合は、さらにところどころに足の支えを入れて補強します。

●竿が地面と平行になり、まっすぐになっているかどうかを確認する

まっすぐになっていなければ、足の高さを調整し直します。足と竿を縛って固定する必要はありません。下から押し上げれば竿は浮きますが、ここに稲の重みがかかりますので、稲木が外れることはありません。

上からの重みに耐え、横風が吹いても倒れない、しっかりとした稲木を立てます。

稲の掛け方

①稲束を運ぶ

稲束を稲木の近くに集めます。稲束を運ぶ時には、稲穂を後ろに、株元を前にして脇に抱えるように運びます。地面に置く時は、穂を先に降ろしてから、株元を降ろします。脱粒しやすいお米は、少しの衝撃で、実をパラパラと落としてしまうので、ていねいに扱います。

運んだ稲束は、稲木の足のライン上に株元をそろえて置きます。置く場所が遠すぎても近すぎても、作業効率が落ちてしまいます。

稲束の掛け方のポイント

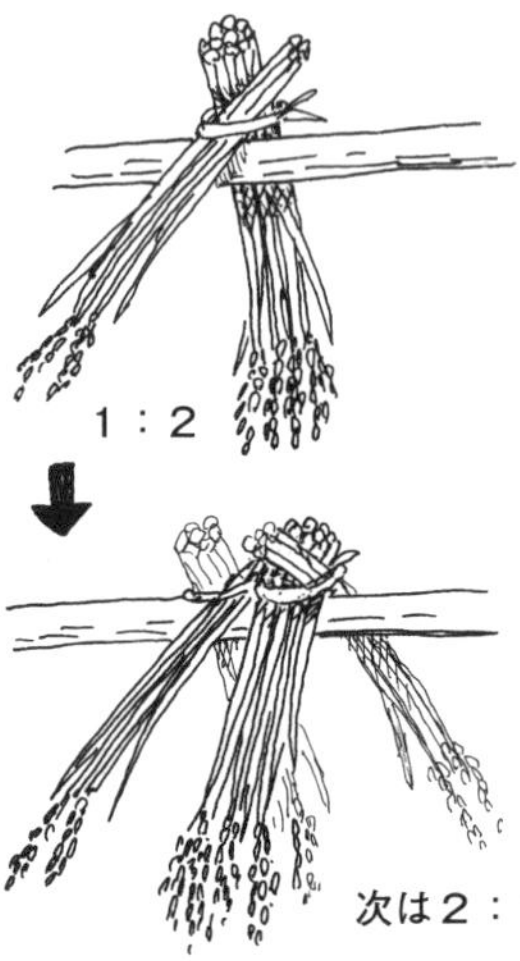
1：2
次は２：１
常に１の側が手前にくるように、左右交互に稲束を掛けていく

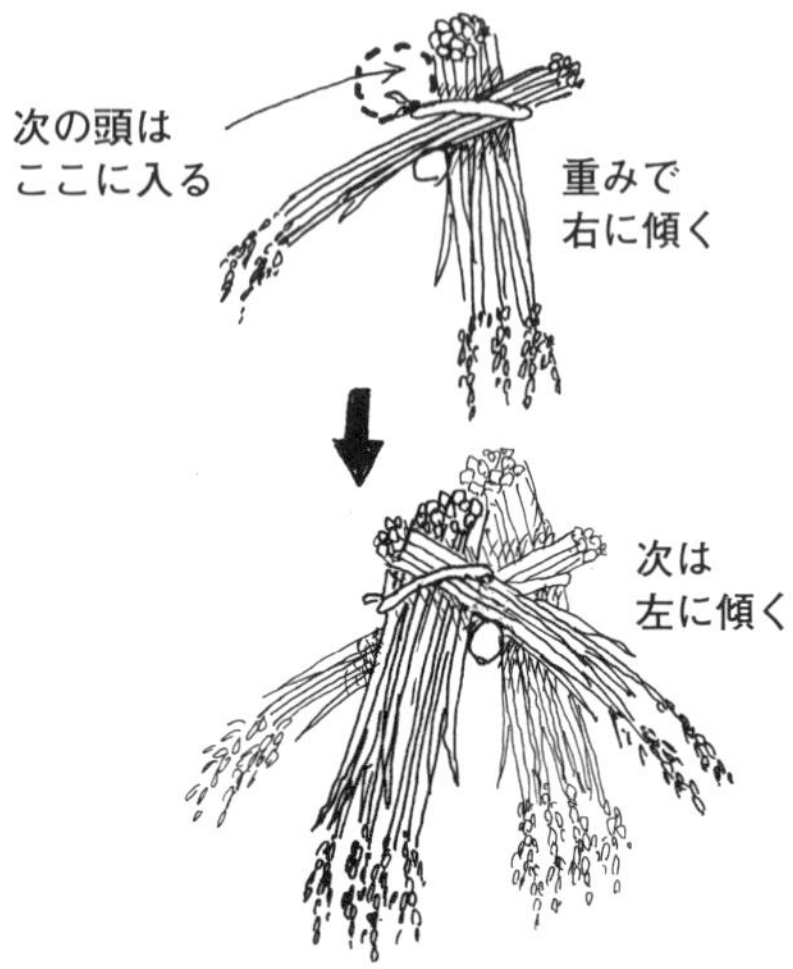
次の頭は
ここに入る
重みで
右に傾く
次は
左に傾く
２束で一つの形ができあがる。穂先が４カ所になり、乾燥しやすくなる

②稲束を分ける

稲束を稲木に掛ける際には、扇子を開くように2対1に振り分けます。

株元をくくったワラの結び目と反対側で分けるようにします。ワラの結び目側を振り分けると、結び目がほどけてくることがあります。2対1に振り分ける1となる方が、必ず手前にくるようにします。

稲刈りの時に、3回に分けて置いた稲束のうち、最後にまっすぐ置いた束が、結び目と反対側にきているので、左右どちらにでも分けやすくなっています。

③稲束を掛ける

二人で作業する場合、渡す人が稲束を分ける

稲刈りと稲掛けの作業を終了。天日や風などの恵みをもらいながら数週間乾燥させる

スズメよけの糸の張り方

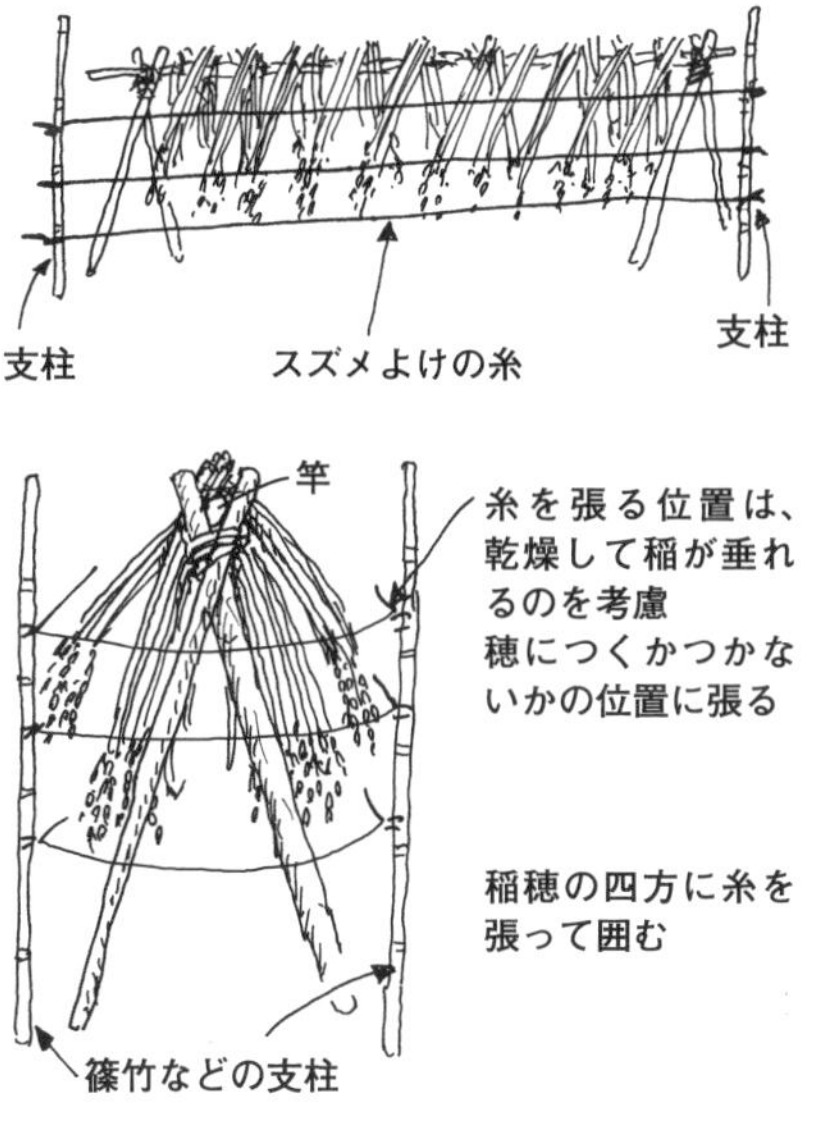
支柱
スズメよけの糸
支柱
竿
糸を張る位置は、乾燥して稲が垂れるのを考慮
穂につくかつかないかの位置に張る
稲穂の四方に糸を張って囲む
篠竹などの支柱

2対1に分けた稲束を稲木に掛ける

左右交互に振り分けながら掛けていく

2対1に分けた稲束を、左右交互に振り分けながら、稲木に掛けていきます。

稲を2対1に分けて掛けることによって、穂先が4カ所に分かれて広がり、風に当たる面積が増えて、乾燥しやすくなります。

竿の上側にくる株元は、左右交互に重い方へと振れ、2列にすき間なく収まり、多くの稲束を掛けることができます。

掛ける時には、稲束の頭を軽く叩いて押し込み、頭の高さをそろえ、すき間のないように詰めてかけていきます。

二人で作業を進める場合は、稲束を渡す人が、稲束を2対1に分けて、掛ける人が受け取って、稲木に掛けていきます。稲を渡す人は、掛ける人が稲を受け取りやすい位置に立ち、そのまま稲木に掛けられるように、稲の方向と角度を合わせて渡します。渡す人と受け取る人が呼吸を合わせて一つとなって、効率よく楽しく作業を進めていきます。

④最後まで掛け終わったら、端の稲束が飛ばないよう稲の茎同士をくくる

一番端の稲束の数本の茎と、3番目くらいの稲束の数本の茎を内側から取り出して、合わせて1回ねじり、片方の茎をねじったところに通して結びます。これを左右両方で2カ所くくっておきます。

⑤スズメ対策として、穂の両側に糸を張る

スズメは羽ばたきながら穂を食べますので、穂の高さを目安として、羽先に糸が絡まるような位置に糸を張ります。

篠竹などを支柱として、稲束の近くに立てて、糸を張ります。

糸は、掛かっている稲穂から少し離した位置に張らないと効果がありません。稲を掛けた直後は、茎にも水分があり、ピンと張って茎が両側に張り出していますが、2~3日もすれば水分が少なくなって、穂が垂れてきますので、稲を掛け終わった直後には穂の間近に糸を張っておきます。

スズメが多い地域では、スズメがやってきてあっという間に食べられてしまうことがあります。糸だけで防ぎきれない場合は、ネットなどをかぶせて対策します。

これで、稲刈りと稲掛けの作業を終えました。

この状態で天日、風、霜等々の恵みをもらいながら、数週間乾燥させます。

雨よけは必要ありません。すき間のないように掛けていますので、雨が降っても中に雨が染みこむことはなく、雨がやんで風が吹けば数時間で乾きます。

◆秋の作業

麦の種類と種降ろし

水田裏作としての麦作

稲の刈り取りが終われば、水田の裏作として、大麦、小麦、あるいは玉ネギなどの野菜も育てます。

お米の恵み、麦の恵み。日本では、二つの穀類の恵みを一枚の田んぼからいただいてきました。豊かな穀類の恵みが、私たちのいのちを養ってきました。

大麦、小麦の蒔き時は、大和盆地では、11月初めから月末までです。

ばら蒔きの場合、種蒔きの一回だけの作業で、あとは収穫まで何もしません。冬から春の季節の営みとともに、麦は健やかに育っていきます。

種を降ろしたあと、1週間ほどで芽を出しますが、種降ろしが遅れて気温が低くなってくると、発芽までに2~3週間、あるいは1カ月近くかかることがあります。

水田の裏作の場合は、連作障害がなく、毎年麦を蒔く

穂を出した裸麦（大麦）

裏作に玉ネギを育てる

収穫期の小麦。梅雨に入る頃なので天気のよい日の午前に刈り取り、その日のうちに脱穀する

ことができますが、畑に蒔く場合は、連作障害があると言われていますので、蒔く場所を変えていきます。

慣行農法では、冬、霜で浮き上がった根を落ち着けるため、あるいは分けつを増やし、徒長を防いで太い元気な茎を育てるために、本葉が3枚出た頃から茎が出てくるまでの間に、数回の麦踏みをおこないます。自然農では、草があるために霜の害を受けにくく、自然な分けつを進めるため、麦踏みをおこなっていません。

麦の種類

麦は世界中で最も多く栽培されている穀物です。

大麦　ご飯に入れて麦ご飯として粒のままで食べたり、あるいはビールや味噌の原料、あるいは煎って煮出して麦茶としたり、煎って粉にして麦こがしとしていただきます。

大麦は、皮麦と裸麦に分けられます。皮麦は殻が実に密着してはがれにくく、裸麦（糯性《もちせい》と粳《うるち》性があります）は殻が容易にはがれます。皮麦と裸麦は、さらに二条大麦と六条大麦に分かれます。二条大麦はビールや焼酎に、六条大麦は押し麦や麦茶として食用にされてきました。

小麦　小麦は、粉に挽いて食べるもので、パンやクッ

小麦粉のグルテン含有量と用途

	強力粉	準強力粉	中力粉	薄力粉
グルテン含有量	12.0%以上	11.0〜12.0%程度	8.0〜10.0%程度	7.0%程度
粒の硬さ	硬質小麦	硬質小麦	中間質小麦	軟質小麦
主な用途	パン　麸	パン　中華麺	うどん　そうめん	ケーキ　クッキー お菓子　天ぷら

キーなどのお菓子や、そうめんやうどんなどにしていただきます。

小麦には、グルテンというタンパク質が含まれ、その量が品種によって異なります。グルテンを多く含むものは、水を加えると粘りが強くなるため強力粉と言われ、パンや中華麺、餃子の皮等に使われています。グルテンが少ないものは粘りが少なく、薄力粉と言われ、天ぷらやお好み焼き、ケーキやクッキーなどに使われています。グルテンが中くらいのものを中力粉と言い、うどんやそうめんなどの麺に使われてきました。

現在、日本で消費されている小麦の量は635万ｔと言われています。自給率は14％で、86％を海外から輸入しています。

日本では、その他に、ライ麦や飼料用として燕麦《えんばく》が栽培されています。

自然農を生活のなかに取り入れ、大麦、小麦を栽培し、その豊かな恵みを手にしていくことが、同時に自給率をも向上させ、地球環境の改善へとつながっていきます。

種の降ろし方

大麦、小麦ともに、さまざまな品種があります。冬季の気温条件等によって栽培できる品種は異なりますので、目的と栽培地の気候に合わせて種を選択します。

品種によって収穫時期にも違いがあります。おおむね、大麦、小麦、ライ麦の順の収穫となります。ライ麦の収穫は田植え時に重なることがありますので、作付け場所を考慮します。

種の降ろし方は、大麦も小麦も同じです。

川口さんの田んぼでは、裸麦はダイシモチ、小麦は農林61号（麺用小麦）、ミナミノカオリ（パン用小麦）を蒔きました。

種降ろしは、土地を有効に活用するため、基本的には畝の全面にばら蒔きをおこないます。

ばら蒔きの場合、草の手入れは、種降ろしの際の一回きりです。

宿根草が多いところは、草の手入れがしやすいようにすじ蒔きとします。

また、ワラが硬い小麦は、収穫時に茎の根元から鎌で刈り取って足踏み脱穀機にかけることもできます。その場合には、すじ蒔きとしておいた方が、刈り取り時に効率よく作業を進めることができます。

●ばら蒔き

種の分量は、作付け面積一反当たり8升です。

種を降ろす面積を測って種の分量を求めます。

稲刈りが終わった水田に、草の上から種を蒔いていきます。畝の上を歩きながら、手で種を軽くにぎって、指のすき間から種をバラバラと地面に降ろしていきます。種が均一になるように、畝の上を2巡3巡して蒔きます。

種を降ろしたあと、地面の小さな草を刈る

田んぼに返したたワラのすき間から芽を出し、2カ月で6～7㎝まで生長

種を蒔き終わったら、芽が出始めているカラスノエンドウやイタリアンライグラスなどの足元の小さな冬草を刈ります。鎌は地面に触れるくらいに刃先を当て、あるいは刃先が地中に少し入るくらいにして草の茎を残さないようていねいに刈っていきます。

収穫まで草刈りはこの一度のみです。冬草の茎を残していますと、春先になって草が急に伸びてきて、麦が負けてしまいますので、ていねいに進めます。刈った草はその場に置いておきます。

この草刈り作業のなかで、麦の種は土の上に落ち着きますが、草が多い場合は、麦の種が地面に落ちるように刈った草を振りながら置いていきます。

全体の草を刈り終えたら、草の厚みを均等にして、発芽がそろうように配慮します。

麦は覆土する必要はありませんが、蒔いた種を鳥が食べにくることがあるので、種が地面から見えることのないように草をかぶせます。

麦の種は好光性（明るいところで発芽が促進される性質）で、草が厚すぎると発芽に支障をきたしますので、草は適量をかぶせておきます。

●すじ蒔き

稲刈りが終わったあとの水田に、麦の種をすじ状に蒔いていきます。

種を蒔かないところは、あとで草刈りに入るので、草刈りに入ることも考慮して蒔き幅と条間を決めます。

種籾の分量は、ばら蒔きの約半量から6割とし、一反当たり4升を目安とします。

作付け縄を張り、種を降ろすところの表土を、鍬で薄く削っていきます。

種を、株間5㎝を目安に落としていきます。種が地面に着いていれば発芽しますので、覆土の必要はありませんが、湿りを保つために草をかぶせます。ついばみにやってくる鳥から見えないように草は、適当な厚さにします。

春になって、条間の草が大きくなってきたら、適宜草を刈りとり、草はその場に敷いておきます。

畝の高低の修整

麦の種を蒔く時に、畝に高低があれば、種を蒔く前に土をならして水平にしておきます。

夏の田んぼに水が入っている時に、畝の高低を確認しておき、稲刈り後のこの時期に修整をします。

畝の上の草を刈り、草をいったん畝の外に出し、鍬やスコップを用いて、畝の高いところの土を削って、低いところに持っていきます。あるいは溝を修整しながら、畝の低いところに土を置いていきます。全体に水平に整えたら、麦の種を蒔き、草を戻します。

麦を蒔く場合は、排水を良くすることが大切なので、排水口を開き、溝が埋まっていたら掘り直して、水が溜まらないようにしておきます。

麦を栽培しない場合は、冬草が伸びてくる春までに、この畝の修整作業をおこないます。畔道が下がったり崩れたりしていれば春までに修復し、次の年の稲作にそなえます。

草が少なく地力がない場合は、冬の間に米ぬかを施して補っておきます。

畔道が下がっている場合は、溝の土を運んで畔道を整えます。大和盆地では、畔道の下の田んぼの持ち主が土手に面した溝の土を、上の田んぼの畔に上げるという決まりごとがあります。その地域でどのようになっているかがわからない場合、隣りの田んぼの方に確認しておきます。また、畔を整える時には、畔塗りをして盛り上がっている土を鍬で削って、溝のところに落とし込んでおきます。

麦を作付けせず、畝の修整も必要ない場合は、冬の草はそのまま生えるに任せておきます。

◆秋の作業
大豆の収穫

大豆の収穫

田植えと時を同じくして畔に種を蒔き、稲と同じように周りの草を刈ってきた大豆も収穫の時を迎えました。

枝豆用として収穫　枝豆としていただく場合は、花が咲いてから約1カ月後、実がぷっくりとふくらんできた頃に、茎ごと収穫します。

大豆としての収穫　大豆としていただく場合は、稲刈りと同じ頃、葉っぱが枯れて茶色くなり、鞘が褐変してきたら収穫です。

晴れた日の日中に、根ごと引っこ抜いて、根についている土をふるい落とし、葉っぱも落とします。

天日乾燥と保管

稲木に、根を上にして左右から互い違いにかけ、根を絡ませて吊りさげます。根が絡まない場合は、紐でくくって稲木に吊りさげます。

稲と同じように、天日で数週間乾燥させます。カラカラに乾燥したら、ビニールシートやござの上に板や棒を置き、大豆をのせて上から棒や木槌で叩いて、鞘ごと叩き落とし、大豆を鞘から外します。

大豆と鞘をふるいにかけて、豆と鞘を分けます。唐箕にかけて細かいゴミを除きます。さらに手で選別して、良い豆を選びだします。来年の種をとり分けたあと、虫がつかないようにガラス瓶などで密封して風通しのよい冷暗所に保管します。

畔豆。稲刈りと同じ頃、葉っぱが茶色になり、鞘が褐変してきたら収穫

稲木に吊りさげて天日乾燥をする

鞘を外した黒大豆。よく乾燥させて保管

米と麦と大豆を育てる知恵

日本では古来、主食となるお米を夏に育て、大麦、小麦を冬に育て、主要なタンパク源となる大豆を田んぼの畔で育ててきました。米を主食としながら、冬には餅を搗き、夏には麦やそうめんをいただき、米と大豆と塩で味噌を、大豆と小麦と塩で醤油を、調味料としてつくってきました。

古《いにしえ》の人たちの農と食を営む叡智に感嘆するとともに、いのちをつなぎ、その技術と知恵を今に伝えてきてくれたご先祖さまに心から感謝いたします。

◆冬の作業
脱穀

太陽と風の恵みのなか、稲穂は完熟し、次のいのちを生み出す種として、そして私たちのいのちを養うお米として、さらに充実しました。

慣行農法では、近年はコンバインで、稲の刈り取りと脱穀を同時に瞬く間におこないます。あるいはバインダーで稲刈りをおこなった後、天日に干し、ハーベスターという機械で脱穀の作業をおこないます。

江戸時代には、千歯こきで、櫛形の歯に穂を通して、籾を落としていました。大変な作業だったようですが、それ以前は、竹を二つに割った「こばし」というものを通して籾を落としていたようで、千歯こきが発明され、作業効率が大幅に上がったと言われています。その後、大正時代に入って、足踏み脱穀機が発明され、さらに効率よく作業ができるようになりました。

自然農では、基本的には大きな機械を用いずに、足踏み脱穀機と唐箕《とうみ》さらにふるい通しなどを利用して、脱穀の作業を進めています。

脱穀の準備

稲木に掛かっている稲穂に手を触れ、十分に乾燥していることが感じられれば、脱穀の時を迎えたことになります。

脱穀の適期が手の感触でわかりにくければ、一粒の籾を取り出し、籾殻を外して、中の玄米を噛んでみます。カリッと音がしてお米が割れれば、よく乾燥しています。お米が割れないでつぶれるようであれば、まだ乾燥していません。

乾燥ができていれば、晴れた日に脱穀作業をおこないます。

足踏み脱穀機、唐箕、ふるい通し、木槌、箕《み》、ござ、籾を収納する紙袋、品種を書くマジックペン、脱穀機に使う機械油、箒などを準備します。

●道具を設置する

稲を運んだり、脱穀した籾を運び出すのに都合のよい場所に、道具を設置します。

田んぼの中で脱穀する場合は、土から湿気が上がってこないように、ビニールシートを敷いて、その上に、籾がこぼれても集められるように、必要な箇所（足踏み脱穀機の下、ふるい通しを使うところなど）にござを敷いて、道具を置きます。

唐箕の設置は、風の吹く方向に合わせ、風下に唐箕の風の出口が向くようにします。受け口に箕を置きます。

ふるい通しは、足踏み脱穀機と唐箕の間に設置します。

大きなふるい通しを一人で扱う場合は、竿と足を利用してふるい通しを上から吊るして使います。

脱穀作業時の注意として、作業しているござの上に土を上げないようにします。土が上がると、米に石が混じる原因になります。

●足踏み脱穀機の取り扱い上の注意

足踏み脱穀機は、重いので取り扱いに注意します。

・足踏み脱穀機を扱う時は、必ず手袋をします。

・使う前に、掃除をしてゴミなどを払い、機械の摩耗を軽減させ潤滑を良くするために、ギアや金具の接続部分に潤滑油をさします。

・脱穀機の下にはござを敷きます。

・脱穀した籾が飛び散らないように、回転するドラムの上と前を、ホロをつけて覆います。ドラムの上を覆うホロがない場合は、事前に布や板などでつくって準備しておきます。

稲束を押し広げるようにして入れる

ドラムが回転する足踏み脱穀機

裏返して左手で押さえてから右手で引き出す

足踏み板を踏み、ドラムを前に回転させる

・脱穀した籾を受けるように、脱穀機の前に箕を置きます。箕の下にもござを敷いて、飛び跳ねた籾を受けられるようにします。

●稲を運ぶ

稲木に掛けた稲束を稲木から降ろし、持てるだけ脇に抱え、脱穀機の近くまで運びます。脱穀機で作業をしながら稲束が取れるように、株元を手前にそろえて置いておきます。

脱穀作業

足踏み板を踏むと、ドラムが回転します。使いはじめる時は、手でドラムを向こう側へ回転させ、その回転に合わせて、足踏み板を踏みます。

ドラムが逆回転した場合は、あわてずに回転が自然に止まるまで待ち、回転が止まってから、再度始めます。

ドラムが向こう側へ勢いよく回転しはじめたら、回転数を上げます。

稲束を両手でしっかりとつかみ、穂先から少しずつドラムに当てていきます。稲束を勢いよく一度に入れてしまうと、籾が飛び散ってしまうことがあります。

稲束を押し広げて、穂の全体がドラムに当たるようにします。稲束を裏返して、反対側もドラムに当たるようにします。

　最後は、片手を稲の中腹あたりに押し当てて圧を加え、稲を引き上げます。

　稲を入れるとドラムの回転数が少し落ちますが、急がずあわてず、しっかりと力を入れて踏み続けます。

　ある程度の回転数がないと、稲を入れるとドラムの回転が止まったり、籾がうまく外れないことがあります。

　また、稲束をしっかりと持っていないと稲がドラムに引っ張られ、ドラムに巻きついてしまいますので、注意します。

　稲束が中へ引き込まれた場合は、手を放して、無理に取りにいこうとはしません。

　ドラムが回転している間は、決して中へ手を入れないようにします。ドラムの中へ手を入れるのは非常に危険です。

　ドラムの回転を止める時には、足を足踏み板から外して、自然に回転がやむまで待ちます。無理に手や足で回転を止めません。

　中身が充実していない籾は、脱穀機にかけても、ワラから外れません。稲束全体を脱穀機にかけて、外れない籾があっても、一通りかけ終われば、稲束を引き出し、ワラを後ろに放り投げていきます。

ふるい通しにかける

　籾に混じっているワラや大きなゴミを取り除くためにふるい通しにかけます。

　受けていた箕が籾で一杯になれば、足踏み脱穀機を止めます。

　ふるい通しの下に、選別されたものを受けるためのござを敷いておきます。

　脱穀機のホロを上げ、籾の入った箕をとりだし、ふる

ふるい通しにかける

小さなふるい通しで脱穀した籾をふるって下に落とし、残っている大きなワラくずなどを取り除く

〈ふるい通しをロープに吊るして扱う〉

❶籾を箕に受ける

❷籾をふるい通しに入れる

❸吊るしたふるい通しで籾をふるう

❹籾がふるわれ、大きなゴミが取り除かれる

い通しのなかにほどよい量を入れます。

ふるい通しで、籾をふるいます。

大きなふるい通しを一人で扱う場合は竿にロープをつけ、上からふるい通しを吊るして扱います。

二人で作業する場合は、向かい合ってふるい通しを持ち、前後に揺すって籾を下にふるい落とします。

小さいふるい通しは、効率は落ちますが、上から吊るさずに一人で作業することができます。

ふるい通しにかけたものを、唐箕にかけます。

ふるいに残っているもののなかには、大きなワラくずに混じって、穂先が折れて脱穀されなかった籾が残っていますので、まとめて一カ所に置いておき、あとで木槌で叩いて、籾を外し、再びふるい通しにかけます。

唐箕にかける

●唐箕がけ

ふるい通しにかけ、大きなゴミが除かれたものを、唐箕にかけて、細かいワラくずやゴミ、実の入っていない粃《しいな》を飛ばし、実の入った籾を選別していきます。

唐箕の仕組みは、上部の漏斗になった部分から、少しずつ籾を落としながら、横から風を起こすことで、ワラくずや粃などの軽いものを吹き飛ばし、風に飛ばされないで残った、重い良い籾を選別していきます。よく実った重い籾ほど、風の力に飛ばされにくく、右側の樋から下に降りてくるようになっています。少し風に飛ばされたやや軽くて未熟な籾は左側の樋から下に降りてきます。

漏斗部分から籾を下に落とす流量を調節できるようになっています。この流量を左手で調整しながら、右手でハンドルを回し風量の調整をしていきます。落とす量が多すぎれば選別しきれませんし、少なすぎれば時間がかかります。起こす風が強すぎれば、良い籾まで飛ばしてしまいますし、起こす風が弱ければ、ワラくずや粃が選別されません。流量と風量の調整ができるように使い方のコツを身につけていきます。

●唐箕の作業手順

①通しにかけた籾を、唐箕の漏斗部分に入れます。

唐箕の漏斗部分の落とし口が閉まっていること、籾が出てくる樋の下に箕を置いていることを確認してから、籾を入れます。

②風を起こすハンドルを右手で時計回りに回しながら、左手で落とし口の調整ふたを少しずつ開いて、籾を落としていきます。禾のある籾はからまりやすいので、左手でほぐします。

籾を唐箕の漏斗部分に入れる。禾のある籾は落ちにくいので、左手で介助する

風を起こすハンドルを右手で時計回りに回しながら、落とし口から籾を落とす

左側の樋から出てきた籾をもう一度唐箕にかけ、選別しておく

③下に落ちてくる籾の量を確認しながら、右手で回転速度を加減し風量を調整します。唐箕の構造や性能は、機械によって違いがありますので、落ちる量を目で確認しながらおこないます。

重い籾が出てくる右側の樋に、ワラくずなどが入らないように、さらに、左側の樋に重い籾が出ない程度に、風量を調整します。また、風が強すぎて良い重い籾が外に飛んでいってしまわないように注意します。

籾が樋から出てこない場合は、中で詰まっていることもあります。

慣れないうちは、思ったようにできないかもしれません。うまく選別できなくても、もう一度唐箕にかければよいので、慣れてくるまでは、強い風で良い籾まで飛ばしてしまわないように、やや弱めに風を起こして選別します。

④いったん唐箕がけが終われば、左側の樋から出てきたものを、もう一度唐箕にかけて、さらに選別しておきます。

よくある失敗は、漏斗の落とし口のフタを閉め忘れたままで籾を入れてしまうこと、樋の下に箕を置かずに作業を始めてしまうこと、風量が強すぎて籾も飛ばしてしまうこと等です。落ち着いて丁寧に作業を進めます。

選別ができれば、箕で袋に入れ、収穫年と品種がわかるように記載し、適切な場所で保管します。

これで収穫の作業が終わりました。

春から秋への半年の時の営みとともに、お米のいのちは完結し、新たないのちを生みだしました。私たちの心身を大いに養ってくれる尊きお米のいのちを、この一年間いただけますよう大切に保管します。

米などの保管

●米の保管方法

唐箕で選別ができた籾を、紙袋や保存用の缶に入れ、

唐箕で選別した籾

必要な分の籾すりをし、玄米にする

〈束のつくり方〉

❶10本くらいのワラの穂先同士を結ぶ

❷結束したワラを互い違いに４段に重ねる

❸16束で一束として束ねる

❹雨の当たらないところで立てて保管

収穫年と品種を記載します。

風通しの良い場所で保管します。

風通しが悪く、湿度の高いところでは、籾に虫がついたり、カビがつくことがありますので、保管場所を選びます。また、ネズミなどの被害がないところに保管します。

籾で保管し、必要な分をまとめて籾すりをし、食べる直前に精米していただきます。

籾は長期貯蔵できますが、少しずつ風味が低下していきます。常温で保存する場合は、収穫した翌々年の梅雨明けまでに食べるようにします。低温倉庫で貯蔵する場合は、品質の低下は少なくなります。

●種籾の保管

来年の種となる籾は、他の籾と混じらないように、穂先のよく実った籾を手でしごいていきます。

採取した種籾を紙袋などに入れて、品種と採取年を書いて、風通しの良いところに置いておきます。虫のつかないよう、ネズミに食べられないよう、来年の春まで大切に保管します。

今年豊かに実った種籾を、次の年につないでいきます。

●稲木の保管

稲を外した稲木は、脱穀したその日のうちに片付けます。竿を外し、足は折らないように地面から引き抜き、湿っている足の根元を十分に乾かします。12～16本を一つにくくり、根元側を空気の通りがよい方に並べ、雨や直射日光の当たらないところで保管します。雨に当たれば、すぐに朽ちてしまいます。雨が入らないように保管しておけば、何十年も使うことができます。

●ワラの保存

脱穀を終えたあとのワラは、作業用（来年の稲の結束用等）に必要な数を束《そく》にして束ね、雨の当たらないところに保存しておきます。

結束用のワラは、茎がしっかりしており、長すぎず短すぎないものを残しておきます。

●束のつくり方

ワラは、来年の稲刈り用のくくりワラ、あるいは野菜の敷ワラやエンドウの支柱に張るひもなどにも用いますので、必要な数を束ねて、雨の当たらないところで保存します。

保存する時は、ワラを16束《たば》で一つの束《そく》にします。まず、10本くらいのワラの穂先同士を結び、下に敷きます（157頁写真参照）。その上に4束《たば》ずつ株元をそろえて並べ、その上の段は逆方向に並べ、互い違いにして4段重ね、16束を束ねて一束《そく》とします。

◆冬の作業 籾すりなど

籾すり

籾から籾殻を外して、玄米にする作業です。

かつては、土臼（つちうす・どうす）や木摺臼《きずりうす》と呼ば

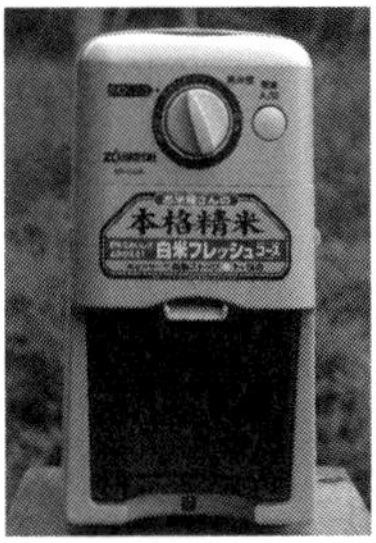

家庭用精米機

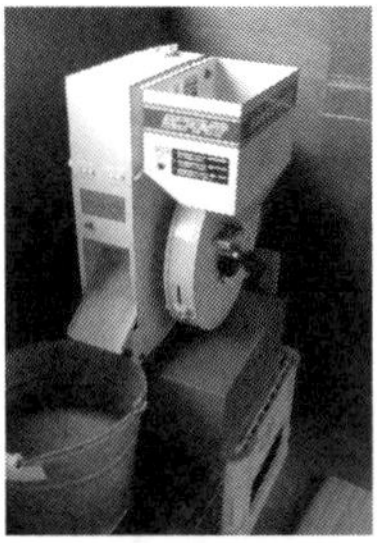
家庭用籾すり機

必要な分量を精米

種籾から稲、米、ごはんへ

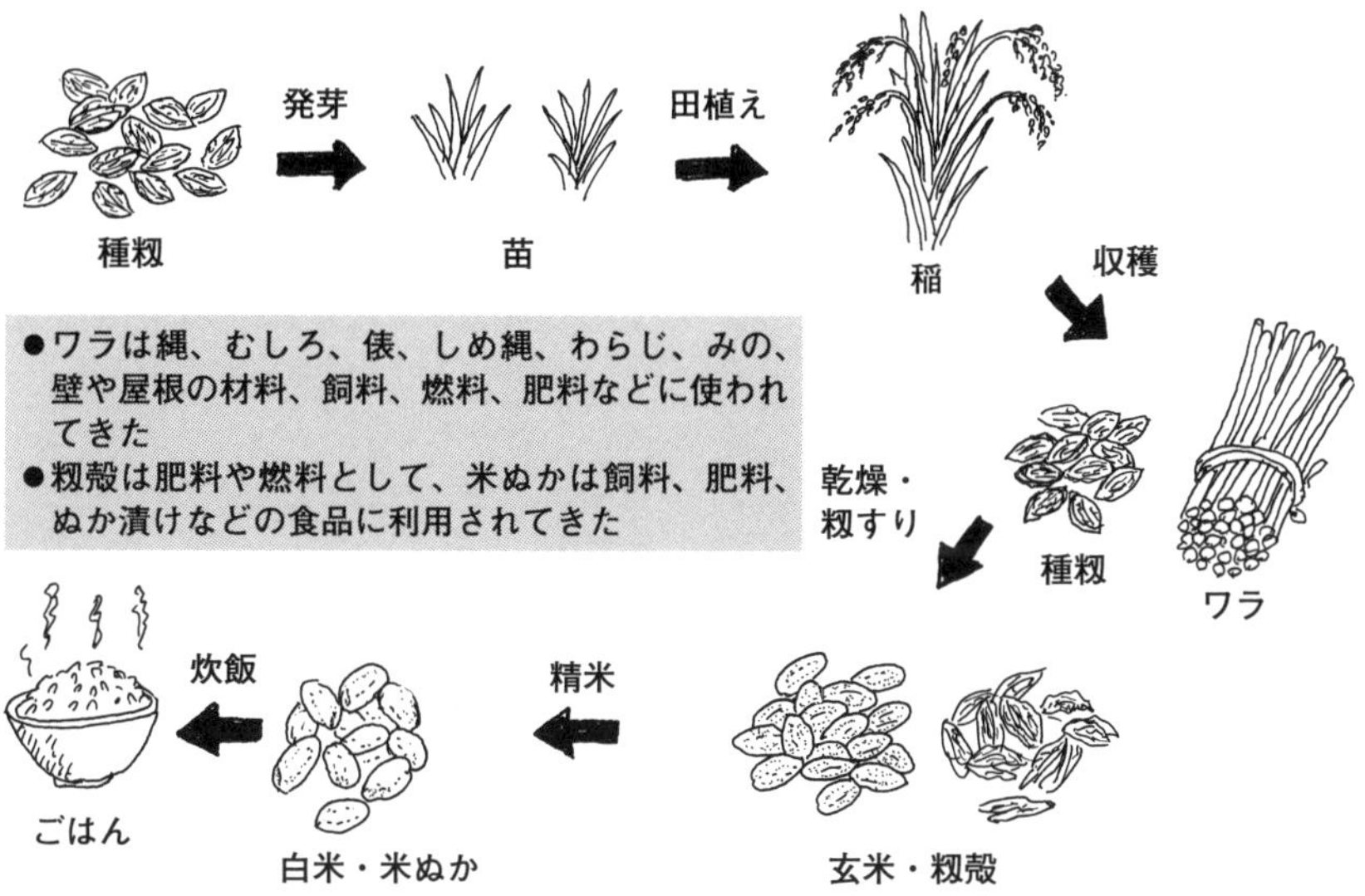
発芽
田植え
種籾
苗
稲
収穫
●ワラは縄、むしろ、俵、しめ縄、わらじ、みの、壁や屋根の材料、飼料、燃料、肥料などに使われてきた
●籾殻は肥料や燃料として、米ぬかは飼料、肥料、ぬか漬けなどの食品に利用されてきた
乾燥・籾すり
種籾
ワラ
炊飯
精米
ごはん
白米・米ぬか
玄米・籾殻

れる、土と木や竹でつくった道具を用いていました。昭和に入ってから、動力の籾すり機械が発明されて、土臼や木摺臼は使われなくなりました。

手動の籾すり機もありますが、流通が少なく、多くは家庭用の電動籾すり機を使っています。

家庭用の電動籾すり機は、少量でも籾すりができるようになっています。籾が乾燥していないと籾殻が外れにくくなりますので、乾燥が十分にできていない場合は、天日で籾を再度干しておきます。

また、禾《のぎ》がある籾は、禾が絡まって機械に入りにくくなりますので、一度に多量に入れず少しずつ投入するか、金ザルなどに入れて手でかき混ぜ、禾を少し落としてから籾すり機に入れるなどの工夫をします。

精米

玄米から白米にする作業です。

精米する工程も、かつては杵と臼で搗いていました。

今は、家庭用の電動精米機が販売されており、食べるごとに必要な分量を精米することができます。白米から分搗き米まで、簡単に調整できるようになっています。

必要に応じて、搗きたての新鮮なお米のいのちをいただくことができます。

籾すりしたあとの籾殻を必要に応じて田んぼに振りまく

ワラを振りまいて田んぼに返す

稲の一生が終わり、田んぼは冬の静かな営みへ

籾すりと同じように、玄米が湿っている場合は、お米がつぶれて精米機が詰まってしまいますので、保管が悪く玄米が湿っているような場合には、天日にさっと干してから精米します。

田んぼに返す

●籾殻と米ぬかを返す

籾すりの過程で出てきた籾殻、精米の過程で出てきた米ぬかは、田んぼに返して、次のいのちに巡らせるのが基本です。

しかし、すべてを田んぼに返さないといけないということではありません。必要に応じて畑へも返し、家畜の餌ともします。

田畑での草々の営みは、太陽など他からのエネルギーも取り入れて生命活動がおこなわれています。すべてを返すことで養分過多となることもありますので、田畑の状況を見ながら、過ぎないように、必要なところへ返し、次なるいのちに巡らせます。

●ワラを返す（ワラふり）

脱穀を終えたあとのワラは、来年に必要な数を束《そく》にして束ね、残りのワラは、田んぼに返します。

ワラは長いままで、細かく刻む必要はありません。田

かけちから。大和盆地では稲刈りの時、初穂を刈り取って束ね、お供えする

田んぼの主な行事

予祝儀礼（年の初めに豊穣を祈る）	年神迎え
	庭田植え
	田遊び
播種儀礼（種播き時に豊穣を祈る）	水口祭り
田植え儀礼（田植え時に豊穣を祈る）	初田植え
	さなぶり
呪術儀礼（稲の生長の無事を祈る）	雨乞い
	虫送り
	風祭り
収穫儀礼（収穫に感謝する）	穂掛け祭り
	刈上げ祭り
	庭上げ祝い
	新嘗祭

注）①『米の民俗文化誌』（荻窪紘一著、世界聖典刊行協会）をもとに作成　②『田んぼの営みと恵み』（稲垣栄洋著、創森社）より

んぼに返されたワラは、やがて朽ちて次のいのちに巡っていきます。

くくりワラを鎌で切って、何束かを脇にかかえながら、田んぼに振りまいていきます。

稲刈りのあとに種を降ろした大麦や小麦が芽吹いていても、その上からワラを田んぼに返して問題ありません。

＊

冬の訪れとともに、稲の一生が終わり、お米づくりの一年が終わりました。

ワラで一面を覆われた田んぼは、静かで美しいいのちの営みを重ねていきます。

足元では麦が小さな芽を出しはじめています。

心しずまる冬、豊かな恵みに感謝し、新たないのちの営みへと思いを新たにします。

豊かな恵みへの感謝

春から夏、そして秋の季節の営みのなかで、稲はいのちをはぐくみ、豊かな実を結びました。私たち日本人は、お米づくりを通して、自らのいのちを養いはぐくむとともに、さまざまな技術を生み出し、空間を整え、生活を整え、精神性を高め、日々の暮らしを美しく創造してきました。

自然とともに生き、自然界の大いなる恵みをいただき、人々は自然の営みに神の働きを察知してきました。自然界のすべてに神が宿ると考え、とりわけ清らかな山、岩、木や滝などを神が宿ったところとして尊び、おまつりし、独自の自然観をつくりあげてきました。

稲作とともにある日本人の暮らしのなかから信仰が生まれ、その心がさまざまな祭礼行事として継承されてきました。春には豊作を願い、夏には風雨や虫の害が少ないことを願い、秋には収穫への感謝をささげてきました。

また、神様にお供えをする場や空間を常に清浄に保ち、この清らかさを尊ぶ心が、日本人の生き方に深く影響を与えてきました。稲作を通して神とつながり、感謝をささげ、すべてのいのちを尊び、感謝をささげ、人々は支え合い助け合いながら生きてきました。

稲はいのちをはぐくみ、豊かな実を結ぶ

春には豊作を願い、秋には収穫を感謝。日本人の暮らしは稲作とともにある

＊

田んぼでの一年を無事に終え、すべての恵みに感謝の思いが深くなります。

初穂をお供えし、収穫した糯米でお餅を搗き、ワラの恵みをいただいてしめ縄をつくり、神様に心を合わせて新たに来る年を迎えます。

第 4 章

自然農を より深めるために

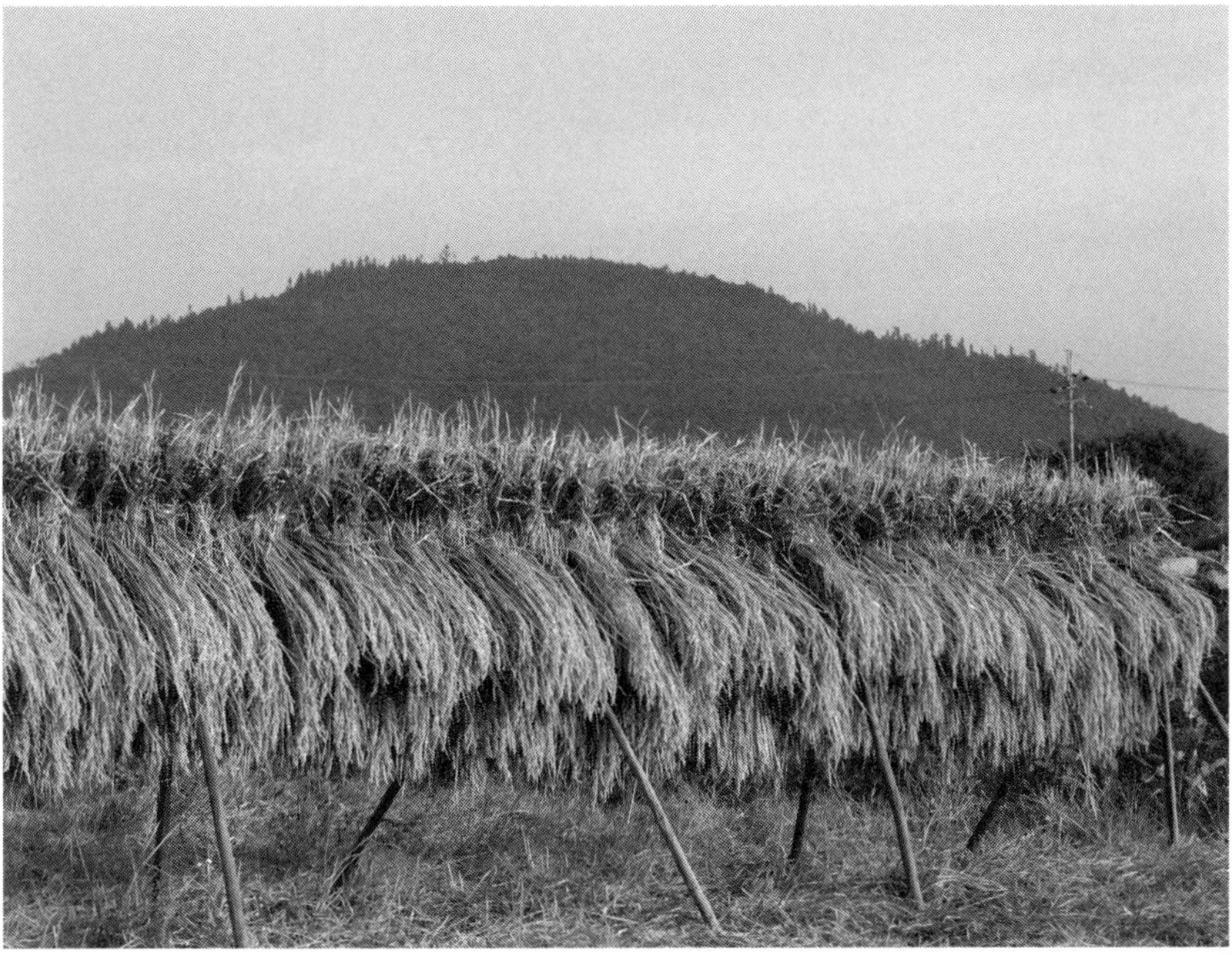

晩秋の気をうけて最後の完熟へ（背後は奈良県・三輪山）

自然界の営み

いのちに開かれた自然農の田畑に立ち、自然の移ろいとともに作業を重ねるなかで、私たちはさまざまなことに気づいていきます。作業を重ね、栽培の技術を深めると同時に、それらの認識を深めていくことがとても大切になります。

稲は、種を蒔けば芽が出ます。水を入れれば育ちます。時が来れば実になります。栽培技術の基本は、とても大切なことですが、それほど難しいことではありません。ある程度のことは、誰にでもすぐにできると思います。

その上で大切なことは、自然農を通して、私の人生を明らかにし、確かに豊かに生きることです。農は私たちの大事です。しかし同時に、糧を得てどのように生きるのかが、人として生きていく大事でもあります。

いのちを見つめ、人という生き物の姿を知り、私の本質を明らかにしていくことで、私の人生はさらに確かになり、私の自然農は深まっていくのです。

四時（春夏秋冬）

「春は花　夏ほととぎす　秋は月　冬　雪冴えて　すずしかりけり」

道元禅師

いのちの世界は、さまざまな相を見せます。時に暗く、時に明るく、時に寒く、時に暑く、時に衰退を、時に隆盛を……。季節の巡りは地球上のどこにおいても見受けられますが、中緯度に位置し、他の条件にも恵まれた日本には、彩り豊かな美しい四季の巡りが存在します。

季節が変わるということは、私たちも自ずと変わっているということです。自然界と私たちは別々ではないからです。その理をよく知り、季節に応じたあり方、季節に応じた身体の使い方をすることが大切です。

個々のいのちの特質によって、夏に栄えるいのちがあれば、冬に栄えるいのちもありますが、いずれのいのちも日本の気候のなかでは、四時の季節の影響を強く受けます。特に日本での稲作は、四時の季節の移ろいとともにありますので、季節の営みを認識し応じていくことが大切になります。

以下、日本における四時の営み、いのちのあり方を考えていきます。

春の季

いのちが「発生」の営みをする季《とき》です。いのちを閉ざしていた冬の営みから、ゆっくりゆっくりと活動していきます。自ずと空気も緩み、水も硬さをほどいていきます。すべてのいのちが、ゆっくりと目覚めはじめます。人も心身をほどきながら、ゆったりと動きはじめます。

冬の間に貯蔵してきたエネルギーを少しずつ解放していく季です。冬の全《まった》き営みを受けての春であり、春を全うして初めて、全き夏へと移行していきます。いのちの始まりでもある春、この時季には、あわててはいけません。

春の訪れとともに芽吹くいのち

例えば、汗をかきすぎてはいけません。発汗は、不要なものを排出してくれる大切な営みですが、汗は私たちの大切な体液でもあります。必要以上に発し、エネルギーを漏らしすぎると、生命力が衰え、やがてくる夏の営みを十全になせません。

春は目覚めの季です。農作業時も、息を荒げず、静かに呼吸し、無理することなく身を養いましょう。身体の内側に問題を重ねている場合には、春の発生の営みとともに問題が表面化してくる時季です。発生の営みに合わせて気がのぼりやすく、のぼせやすいのと同時に、下半身が虚ろになりやすいですから、下腹に力をとどめ、緩やかにいのちを開いていきます。

この時季、多くの木々草々は、淡い緑色の葉色をしています。いのちの営みも優しく、柔らかく、伸びやかです。少しずつ発生していくのが、この時季の営みです。作物を栽培する場合も、あわてて補いすぎたりすると、葉色が濃くなり、病的になってしまいます。ゆったりと、柔らかにいのちをはぐくんでいきます。

夏の季

気温が上がり、いのちの営みが最も盛んにおこなわれます。すべてのいのちが賑やかに、華やかに活動していきます。

いのちが長じ栄え、開ききる「開放」の季です。空気も濃厚になり、いのちの営みが開放的になります。

古典医学書では、「春夏に陽を養い、秋冬に陰を養う」と養生の心得を示しています。陽を養うとはつまり、気の巡りを良くし、体内にある滞りを散じ発するの意です。

この時期には、よく汗をかき、心身ともに開放し、内に滞りをつくらないことが大切です。十分に開ききらない場合、不要なものが内にこもり、身体が重く、やがてくる秋の営みに移行できません。いつまでも澄んできません。よく働き、気を巡らせ、ほどよく汗をかいた後の爽快感は、何とも言えません。

もし、汗をかいた後、ぐったりと疲れてしまうようであれば、汗のかきすぎです。自分のいのちの程度に応じて、身を養いましょう。夏の日射しは厳しいですから、ほどよく涼をとり、身を守ります。しかし、冷たいものをとりすぎると胃腸の働きを損ね、十全な夏の営みをなせませんから注意します。

この時季、作物にとっては潤いがなくなりやすいのです。養分はあっても、潤いがないために灼けてしまい、養分を回すことができず、結果的に養分過多となり病気になる場合があります。潤いを保ち、いのちが伸びやかにあれるように、配慮していきます。

秋の季

気温も落ち着き、少しずついのちを閉ざす、「収斂《しゅうれん》」の季に入ります。外界の気温の低下に合わせて、いのちの営みも緩やかになり、開放的な営みから、内実の営みへと移行していきます。濃厚だった空気が澄みゆき、空高く、さわやかな風が流れていきます。私たちの意識も静まり、少しずつ内側へと向かっていく季です。夏のなごりが残っていますから、適当に身体を動かして発散し、気の巡りを良くしてあげます。発散と収斂のバランスがうまくいかないと、呼吸器の問題などが起こりやすい季です。

運動の秋、芸術の秋と言われるように、肉体運動にも、精神活動にも最適な季節となります。夏に十分な発散をなしていない場合には、不要なものが内にこもりやすく、問題を招きます。夏に無理をし、発散が過ぎてしまった場合、元気が出てきません。夏にエアコンや飲食で身体を冷やしすぎてしまった場合にも、さまざまな不調和が現れます。

この時季、作物はよく育ちますが、気温も下がり、いのちが閉じはじめますので、補いをあげすぎると、十分に対応できず、発散しきれず、問題を招きやすくなるので注意します。気温が下がるほど、作物の生長は遅くなります。秋の播種時期が一日遅れれば、生長に1週間の違いが出るとも言われています。機を逃さずに作業していきます。

秋の訪れとともに実を結ぶ稲

冬の季

いのちが閉じ、「収蔵」の営みとなります。外界の気温がさらに下がりますので、身を護り、収蔵したものを失いもらさぬように、心静かに過ごします。やがて来る春に向かって、力を養う季です。先に挙げた言葉「秋冬に陰を養う」とは、身体の内側を養うの意です。つまり、冬には無理をせず、ゆっくり過ごし、身体の内側に元気を養うということです。

この時期には、十分休息をとり、身を慎まなければなりません。汗をかきすぎたり、活動しすぎたりすると、春に発生していく力を漏らしてしまいます。汗を漏らしすぎず、想いを漏らしすぎず、願いを漏らしすぎずです。内に秘め、心静かに練りはぐくんで、次への活力にします。

この季に無理を重ねると、春先からエネルギー切れとなったり、十分に春の発生の営みになれず、外界との交流が不調となり、花粉症などを起こしやすくなります。早寝遅起きし、しっかりといのちを養います。

作物も同様に、静まり、身を堅め、エネルギーを蓄えているときです。無理に生長を促したりせずに、じっくりと時季の到来を待ちます。

いのちを養う

「人はパンのみにて生きるにあらず」　聖書

私たちのいのちを健やかに養うものは何でしょうか。どのようにあれば、私たちのいのちは健やかに養われていくのでしょうか。

言うまでもなく、私のいのちを養ってくれているものは、他のいのちです。他のいのちからさまざまなエネルギーを得て私たちは生存しています。生きるということは、他のいのちを食べるということに他なりません。生きるために、他のいのちをいただくことは許されているのです。もちろん、貪りはいけませんが、私のいのちに応じて、必要ないのちを適切な分だけ遠慮することなく食べることが、正しく生きるという行為です。

私たちの身体は、取り入れたものによって構成されますから、農薬を用いず、いのち豊かな田畑で育った作物が、私たちの身体を健全に養ってくれることに疑問の余地はありません。生きた綺麗な水が健全な身体をつくっていくことも同様です。天地の恵みをあまねく受けいただいた自然農の作物は、十全ないのちを宿し、生命力にあふれ、安心安全で、何と言ってもおいしいです。十全ないのちが健全な身体を養い、健康な心をつくり、豊かな生活をつくっていくことになります。

ところで、食事以上に大切なものがあります。それは、「気」です。人は、食事や水をとらなくても多少は生き続けることができますが、空気を吸うことができなければ、途端に生存できなくなります。

また、我々は、単に呼吸によって酸素を取り入れているだけではありません。常に外界と気の交流をすることで生存しています。その意味では、気の良いところにいることが、とても大切になります。環境がその場のいのちを養いつくっていくからです。

木々、草々、虫たちの華やぐ自然農の田畑は、素晴らしい環境です。食べること以前に、私たちのいのちを養い、浄化し、癒してくれています。呼吸によって天からのエネルギーを、食べることによって地からのエネルギーを受けいただき、私たちは生かされています。

環境が私たちをつくっていくのと同時に、環境をつくっていくのは私たち自身です。世に起こるさまざまな問題、環境汚染、食料問題、資源の問題など……、それらは、実は、私たちの内側にある問題に他なりません。問題はいつも、外界にあるのではなく、私たちの内側にありま す。すべては、私たちの内面の現れでしかないからです。私たちの汚れが、外界の汚れに他なりません。私たちの発する汚れが、私たち自身を汚していくのです。私たちの心、想念、行動が自然界に働きかけていきます。良い水を飲むこと、良い食物を採ることはもちろん大切ですが、良い気を喰《は》むこと、そして良い気を出すことが、何より大切になります。

いのちの量

「食べ物の純粋さによって、内なる性質の浄化が起こる」

スワミ・シヴァナンダ

私たちは、より豊かになることを願い求め、生きています。農においては、豊作を願い、日々取り組んでいます。しかし、豊かになるとは、どういうことでしょうか。

いのちにとって、豊かになるということは、単に増えるということを意味しません。例えば、やせ地においては、いのちが増え、草々虫たちの営みが増えることが豊かになるということです。しかし、養分の過剰な場所においては、不要な養分が浄化され、濃密ないのちが薄れていくことが、豊かになるということです。

いのちは、安定、調和の方向に向かいます。豊かになるということは、より調和的になるということです。いのちにふさわしい姿になるということです。個々のいのちには、そのいのちにふさわしい、いのちの量というものがおおむね決まっています。

例えばトマトの場合、品種や個体差はあるにせよ、トマトのいのちにふさわしい姿というものがあるはずです。肥料で肥大させると、確かに姿は大きくなります。しかし、トマトのいのちの量が増えているわけではありません。決して豊かにはなっていません。余分なものが増えて膨らんでいるのです。味も落ちますし、姿も美し

いのちの充実したミニトマト

くなく、健全に人のいのちを養ってはくれません。

あるいは山間地の田んぼで、気温が低く日照も短く水も冷たいところでは、稲の分けつも少なくなり、生えてくる草も少ないことがあります。その条件にふさわしいいのちの営みとなるからです。それがやせ地であれば、自然農の栽培を重ねるうちに、ある程度まで豊かになっていきます。その場にふさわしい豊かさになっていきます。しかし、暖地のような姿になるわけではありません。場にふさわしいいのちの営みがあるのです。

一枚の田んぼで収穫できるお米の量は、おおむね決まっています。その能力を十全に発揮できるような努力や技術研鑽は欠かせないことですが、田んぼのいのちの営みを超えた、収量を得ることはできません。いのちの法を超えることはできません。

自然農は、その土地、その作物にふさわしい、最善のいのち、最適のいのちの量をはぐくむ農です。

健康と病気

「百病は皆、気より生ず。病とは気病む也」　貝原益軒

いのちにとって健康とは、どのような姿を言うのでしょうか。病気とは、どのような状態をいうのでしょうか。

すべてのいのちは営み、互いに交流し、エネルギーを交換し合いながら生きています。いのちの営みが止まることはありません。いのちは変化し続け、変容し続け、流れ続けるのです。私たちの身体も刻々と変化し続けています。生きるということは、変化するということでもあります。

健康という状態は、このいのちの変化、いのちの営み、いのちの流れが順調だということです。どこにも滞りがなく、スムーズに円滑に営まれているということです。体内の営みもスムーズ、外界との交流もスムーズだということです。健やかにして康《やす》し……。爽やかにして精気あふれるいのちの営み、それが健康の姿です。

それに対して病気とは、変化の営みがうまくいかず、どこかで営みが停滞し、流れが滞り、いのちが閉塞してしまっている状態です。いのちの流れがスムーズにいかない状態、これが病気です。絶えず巡りゆくのが、本来のいのちの姿です。いのちは、停滞することを好みません。水は、淀むと腐ってしまいます。流れ続けるのが、生きたいのちの姿なのです。

「気」とは、流れ続けるいのちの性質を表しています。気が病むこと、気が滞ることを病気と呼ぶ所以です。

いのちには、自ずから問題を解消していこうとする性

質があります。停滞を解消していこうとする働きがあります。いのちは流れ続けるからです。いのち自ずからそのように営むのです。これを自然治癒力と言います。いのちの世界は、常に調和の方向に向かいます。つまり、自ずから不調和を解消しようとする力が働くのです。いのちが営むということは、自ずから自然治癒力が働いているということです。

　自然治癒力で及ばないものの後押しをするのが治療です。治療とは、いかなるものであれ、自然治癒力の手助けをしているということです。いのちの不調和は、いのちの営みのなかでしか解消できないのです。

　養生とは、いかに滞りをつくらず、いのちの流れを伸びやかに保つかということですし、治療とは、いかに滞りの原因にアプローチし、いのちの流れを良くする手助けができるかに尽きます。癒しとは、病者の自己治癒力を高め、いのちを開いてあげる行為です。

　人の場合、病気が起こる背景には、さまざまな要素があります。例えば古典医術では、それを寒熱虚実として表します。寒（冷えている）、熱（熱がある）、虚（元気がない）、実（不要なものが過剰にある）。つまり、身体が冷えていて、いのちの営みがスムーズにいかない場合と、身体に熱があって、いのちの営みがスムーズにいかない場合。あるいは、身体に元気がなくていのちの営みがスムーズにいかない場合と、身体に不要なものが多くなりすぎて営みがスムーズにいかない場合の４種類があるということです。

　冷えている場合は、温めてあげれば、いのちの営みが再びスムーズにおこなわれますし、熱がある場合は、熱を取ってあげれば、再びスムーズないのちの営みとなります。

　稲の病気の場合、その背景が少し違いますが、基本の理は同じです。栄養分が足りない、栄養分が多すぎる、水が足りない、水が多すぎる、寒すぎる、暑すぎる……などです。いずれにしても、それらの背景を受けて、いのちがスムーズに営まれない。それが、病気の姿です。例えば、いもち病の場合、水が冷たすぎるとか、栄養過多になっているなどの背景があり、稲のいのちの営みが十全におこなわれず、結果、いもち菌に冒されます。稲のいのちの営みが順調であれば、基本的に冒されることはありません。

　実際には、病気の症状が顕著になってからでは、対応は遅いと考えるべきです。症状の多くは、いのちが不調和を起こした後の浄化の営みです。不調和を解消しようとするいのちの反応が、病気の症状です。

例えば、身体のなかに熱がこもっていて湿疹が出る場合、湿疹の症状が問題なのではありません。症状はむしろ浄化の営みをしています。熱を身体から放出しているのが湿疹の姿です。身体のなかの熱が、身体に不調和をもたらしている原因です。それを解かなくてはなりません。同様に、稲の病気や虫害の状態も、それ自体が問題ではなく、それらは浄化の営みと考えることができます。その原因を追究し、改善する必要があります。

病気の症状が現れる前に対応するのが、最善のあり方です。初期段階で対応することで、不調和を最小限にとどめることができます。田んぼで、稲の葉色が濃くなってきたり、水の臭いがおかしいなどと感じたら、素早く対応することで、問題を最小限に抑えることができます。

健やかに出穂する古代米

生きていくなかで、必ず病気は起こってきます。病の状態を知ることによって、健康の状態を、より確かに認識することができます。曇りなき眼《まなこ》で、いのちの真相を見極めて対応していきます。

病気を、いのちの流れがスムーズにいかない状態と捉える場合、身体の問題だけではなく、さらに広い視野で見ていくことができます。精神的な悩み、人間関係での悩み、それらも文字通り気が病んでいる状態です。

実際に、精神的な問題から気の停滞を招き、身体の異常を発することがあります。心と体は切り離せないからです。同様に、さまざまな想念、邪念、邪霊に憑依《ひょうい》されることがありますが、いのちの流れを健全にすることで、それらは問題にならなくなります。

さらに大きな意味で、人生の困難、人生の停滞をも病気として捉えるならば、問題に向き合い、そこで学び、成長につなげることが、人生の健康と言えるのかもしれません。囚われやこだわり、わだかまりを解放していくことで、私のいのちは開かれていきます。

人は皆、多かれ少なかれ、何らかの課題や問題を抱えて生きています。それらの不調和を解消し、浄化し、より健康に生きることが、成長し進化していく方向でもあります。

いのちの働き

「この宇宙に生起する物質的、精神的事象のすべては、個人の中にも同様に見いだすことができる」

チャラカ・サンヒター

絶妙の調和をなし、一つになって営まれている自然界ですが、視点を変えれば、絶妙の調和を織りなしているのは個々のいのちです。個々のいのちの営みです。個々のいのちの働きが絶妙に絡み合い調和をなしているのです。

個々のいのちには、自ずから働きがあります。いのちに備わる性、彩りがあります。稲には稲の性質があり、彩りがあり、働きがあります。ヨモギにはヨモギの性質があり、彩りがあり、働きがあります。

例えば、田畑に特定の草が生えてきたということは、それらが生える条件が整っていたからですが、そこで草が生き、全うし、働きをなすことによって、全体が調和的に営まれていきます。個々のいのちの働きが絶妙に絡み合い、補い合い、調和をなして全体が営まれていくのです。

●相性

草に働きがあるように、人のいのちにも働きがあります。人はまた、個性の差が大きく、働きの質も異なっています。いのちの働きが違うのですから、その働きが生かされる場も違います。

私にふさわしい場所で、私にふさわしい彩りで、私にふさわしいあり方で役割を果たしていきます。働きがなせる場所が、その人にとって良い場所になります。しかし、他の人にとっては良くない場所かもしれません。それが相性という意味です。

働きを補い合うものは、相性が良いと言えます。自分に合った場所を得て、自分に合った人とともに、自分に合った先達に導かれて、人は学びを重ね、ことをなし、進化していきます。

相性は、相対世界のなかで生きる個々のいのちには必ずあるものです。好き嫌いは、単なるわがままではなく、いのちからの声であるとも言えます。

しかし、我々は相対世界に個別生命として生きているものの、その源は一体の存在です。心を澄ませ、意識を深くに保てば、人間関係などの相性には、それほど囚われなくなるはずです。

●毒と薬は決まっていない

ゴータマ・シッタルタの侍医であったジーバカが医学生の時、教官から「薬にならない物を取ってきなさい」と言われ、何も持って帰らなかったという話があります（『何故人は病気になるのか』上馬場和夫著より）。すべてのいのちには、働きがあるからです。

しかし、相性がありますから、働きの合うものは薬となりますし、働きの合わないものは、毒ともなるのです。毒というと、大げさに聞こえるかもしれませんが、実際に毒物と言われるものでさえ、薬として用いることもありますし、身体に良いと言われるものが合わずに、身体を損ねることもあります。毒と薬は決まっていないのです。対象により、相性により、すべて変わってきます。

自然農の田んぼでは、さまざまないのちが、数限りなく営みを重ねています。それらの営みは、自ずからにして絶妙です。自然の営みのうちに絶妙の相性を形成し、調和をとっていきます。

田畑において個々のいのちが、どのように作用しあっているのかは、人知で完全に推し量ることなどできるものではありませんし、その必要もありません。なるべく余計なことをせず、いのちに任せておくことが最善となります。

●汚染と浄化

すべてのいのちは一体の営みをなし、個々のいのちは絶えずエネルギーを交換しあいながら、生きています。人もさまざまなレベルで自然界と交流しています。例えば、私たちの胃壁の細胞は数日で入れ替わり、皮膚は1カ月ですっかり入れ替わり、内臓を構成する物質は、半年もすれば大方入れ替わると言われています。

外界の事象、例えば化学物質や汚れた空気は、私たちの体内に取り込まれていきますし、逆に、私を構成している物質も、営みを重ねるなかで体内から出ていき、数年後には地球の裏側にあるかもしれません。全体と私は切り離せないのです。そして、その交流は物質レベルにとどまりません。私たちの心の内側、精妙なレベルにおいても一体である我々は、さまざまな感情、想念、目に見えないさまざまなエネルギーをやりとりしています。

良くも悪くも、それらの影響から逃れることはできません。すべては一体の営みだからです。互いに影響しあいながら、あるいは変容しあいながら営まれていくのがいのちの姿となります。

汚染とは、強い気を発しているいのちが、他のいのちの正常な営みを阻害することを言います。汚れた水であっても、腐ったものであっても、あるいは農薬、化学物質、放射性物質であっても、基本の理は同じです。あるいのちにとって、困った影響を与えるいのちの働きが、汚染ということになります。

物質的な汚染とともに、精神面での汚染が広がっている今日です。良からぬ想念、邪念が人々を汚染していいます。

浄化とは、汚染によって起こった、いのちの不調和が解消されることを言います。汚染物質のいのちの働きが強かったり、あるいは長い期間影響を受けていた場合には、浄化にも時間がかかります。

基本的に、いのちの不調和は、いのちの営みのなかでしか浄化することができません。時が必要になります。的確な手助けが必要な場合もあるでしょう。しかし、自然界の営みは偉大です。その浄化能力は、人知では計り知れません。多くの場合、何もせずに、いのちの営みに任せておくのが最良の浄化となります。困った問題を抱え、困った現象が現れていても、余計なことをせず、営みを重ね、時を重ねるなかで、問題は最善に解消されていきます。

●いのちは順応する

私たちは、自然界に添わなければならない存在です。しかし同時に、多くのいのちが私たちに添ってくれての今日でもあります。自然界は黙して語らず……、許容範囲のなかで、私たちを受け容れ続け、順応し続けてくれています。

例えば、耕作放棄地を田畑にする場合、初めに荒々しい草が生えていても、栽培を重ねるなかで、優しい草に替わっていきます。栽培地にふさわしい草々に替わっていくのです。逆に、耕作を放棄し放置しておけば、猛々しい草が田畑に生えてきて、やがては木が生えてきます。いのちが、より広い関係性での調和をはかろうとするからです。

あるいは、暑い国で栽培されていた作物を日本で栽培する場合、1年目は、気候の違う日本に適応できず、実りが少ないかもしれません。しかし、種をつなぐことができれば、2年目、3年目と経過するうちに適応し、豊かに実ってくれるものがあります。

個々のいのちは、互いに絡み合い、変化変容しあいながら営みを重ねます。互いに順応しあって、一つの流れをつくっていくのです。栽培という行為自体、自然の営みの許容範囲であるから成り立つことです。自然の法を大きく超えた場合、必ず不調和を招き問題が発生します。いのちの世界は大調和の営みですから、許容範囲を超えた栽培方法、手の貸し方には、自然界が必ず反応し、粛正の作用をもたらします。

不調和が許容範囲を超える時、それを解消することなしには自然界の調和が保てません。田んぼが許容範囲を超えて養分過多になる場合、病虫害によって浄化の営みが起こります。そして、自然界における浄化の営みの最たるものが、天変地異、自然災害だと考えられています。自然界の不調和を解消するため、あるいは人々の精神の荒廃を浄《きよ》めるために、必要なことが起こるべくして起こってきます。偶然と必然は、一枚の紙の表と裏のようなものです。意味のないことは、決して起こってきません。

●場の持つ気

個々のいのちに働きがあるように、それぞれの場にも、場が持つ性質、場が持つ彩りがあります。

気の良いところというのは、美しく澄んでいますから、その場にいると、とても気持ちが良いのです。そこにいるだけで、何かしらワクワクしたり、いのちが活性化しているのを感じます。気の良くないところとは、淀み停滞し閉塞しているところですから、その場にいると気分が悪くなったり、何かしら晴れないものを感じることになります。

病気とは、読んで字の如く、気が病み、停滞し、巡りが良くない状態ですから、巡りを良くすることが治療の方向になりますが、例えば神聖なものに触れる時、いのちの営みが活性化され、奇跡的と思える治癒力を授かることがあます。

一方、良からぬ想念の渦巻く地、あるいは気の流れが良くない地にいくと頭痛がしたり、身体が重くなったり、ひどい場合には大きく体調を崩すことになったりもします。個々のいのちが完全に別々ならば、場の影響を受けることはありません。

しかし、私たちは個々別々であると同時に一体であるゆえに、場の影響や他のいのちの影響を受けざるを得ないのです。場の気が停滞し、淀み、閉塞している場合には、当然にその影響を受けます。

田んぼの場合、空気の通りや水の巡りが良いところは、場の気も良く、いのちも活性化していきます。風通しが悪かったり、水が淀む場合には、いのちの営みが閉塞し、病気がちで生長が良くありません。あるいは田んぼの整え方や周辺の状況、携わる人々の心持ちが作物に影響を与えないはずはありません。

また、人類のなかに、神性を発揮し、聖なる波長を色濃く発している人がいるように、地球のなかにも、気の良い場所というのが、あちらこちらにあります。神社仏閣などは、そういう地に建てられてきました。パワースポットと呼ばれるところもあります。

夏のいのちを潤すスイカ

しかし、時の流れのなかで、場の気も変化していきます。その場に生きる人々の意識が場の気をつくるからです。かつては、気が良いとされていた多くの場所も、そうは言えない現実があります。相性の問題もありますから、風聞に惑わされず、その場に立ち、自分のいのちの声に答えを求めるのが最善の方法です。

例えば、田畑を選ぶ場合に、大切な条件はさまざまにありますが、実際にそこに立ち、いのちから感じるものを大切にするのが基本です。私の田畑が定まれば、場を整え、私を整えることで良い気の場に変えていくことができます。

いのちの変遷（連作障害）

「祇園精舎の鐘の声、諸行無常の響あり。沙羅双樹の花の色、盛者必衰の理を現す」　平家物語

個々のいのちは、時を得て、場所を得て、ふさわしいところに誕生し、やがてはその場所から姿を消していき

ます。地球が誕生し、いつかは死んでいくように……。人類が誕生し、いつかは死んでいくように……。私が誕生し、いつかは死んでいくように……。スケールは違いますが、その理は同じです。ふさわしい場所に誕生し、働きをなし、次の展開に運ばれていきます。同様に、田んぼに生える草々も、時とともに替わっていきます。それがいのち自らの性質なのです。

連作障害とは、同じ場所で同じ作物や同類の作物を連続して栽培する場合に、著しく収量が低下したり、病気になったりすることを言います。栽培をするということは、自然界の営みに、人の意思が介入することになりますから、適地に適作をしなければなりませんし、作物の性質に合わせて、問題が起こらぬよう工夫しなくてはなりません。

その一つが輪作《りんさく》という方法です。輪作というのは、連作障害が出ないよう、栽培する場所を計画的に入れ替える方法です。例えば、ナス科を栽培した場所には、次にマメ科を栽培するなど、作付けする作物を替えていきます。

連作障害が起こるということは、その場所のバランスが、ある方向に偏っているということです。その場合には、偏りを増長しないように別の科の作物を栽培するか、場所に余裕がある場合は、休ませて放置しておくのがよいのです。放置しておけば、草々や虫たちが営みを盛んにして、場のバランスを自ずから取り戻してくれるのです。

自然農の場合、草々虫たちともどもの栽培ですので、基本的に連作障害は起こりにくいです。また、作物の性質によって、連作障害の起こりやすいものと起こりにくいものとがありますし、種類によって数年間は問題なくつくれるものもあります。あるいは作物によっては、数年間栽培を続ける方が、生育の良いものもあると言われています。

しかし、同じところに連続して作物を栽培し続ける場合に、障害が起こってくるのは、むしろ自然の理にかなっているのです。

連作障害が出るということは、田畑の回復力を超えて、バランスを崩しているということです。連作障害が出ないということは、田畑の回復力のなかで、なんとかやりくりしているということです。許容範囲だということです。連作障害として問題が表面化しなくても、もし休耕地があるのでしたら、そちらで栽培する方が作物にとって良い場合があります。

稲の場合、陸稲には連作障害があると言われています

水田の畔で大豆をつくる

水が豊かな恵みをもたらす

が、水稲には連作障害がないと考えられています。その理由は、水稲の場合、田んぼに水が湛えられていることが大きいと考えられます。

水が、田んぼに不足しているものを運んできてくれる、あるいは水が湛えられていることで、いのちの営みが活発になり、バランスの偏りを取り戻してくれているのかもしれません。「水が田を洗う」と表現する農家の方もおられます。

稲だけではなく、私たちの暮らしに欠かせない、小麦、大豆についても、畑では連作することができません。水を湛える田んぼだからこそ、毎年、つくり続けることができるのです。

田んぼに稲を植え、畔に大豆を蒔き、裏作に麦を育てる……。大いなる水の恵みを受けて、私たちの暮らしは創られてきました。

●農業全書（江戸時代の農書）の言葉

「田畠は年々にかへ地をやすめて作るをよしとす。しかれども地の余計なくてかゆる事ならざるは、うえ物をかへて作るべし。所により水田を一二年も畠となし作れば土の気転じてさかんになり、草生ぜず虫気もなく実り一倍もある物なり」

いのちを生きる

いのちとは

「時無始より流れて　空間無限に広がり　無限の生命たち　無限数生滅して　無終に巡り往《ゆ》く」　川口由一

いのちとは、私たちのこの存在。そして、存在の営みのことを表現しています。目に見えるもの、見えないものも含め、現象し、存在し、営んでいるものが「いのち」です。

「いのちの世界」という言葉が示すものは、大宇宙の営み、自然界の営み……。現象し、存在しているすべての営みを表現しています。何もかもがいのちです。いのちでないものは見あたりません。生きているものも死んでいるものも、鉱物も水も空気も……。そして、一体の営みをしています。いのちの世界の一部分が、個々のいのち、個別生命です。

「時《とき》」は、いのちの世界の性質です。いのちは、一時も静止していませんから、いのちを見るときには、同時に時の営みを見ています。いのちの姿形を見るのと同時に、いのちが発しているものを感じ、その働き、営みを合わせて察知しているのです。時間（時の間）を得て、個々のいのちは営みを重ねることができます。

「空《くう》」もまた、いのちの世界の性質です。目に見えなくとも、空として存在し、確かに営み、変化していきます。他のいのちを包み養い、変容させる空です。空間（空の間）を得て、個々のいのちは生じ滅し、流転していきます。

いのちの世界、自然界は、時空という性質とともに巡りゆきます。

自然とは

「ゆく河の流れは絶えずして、しかももとの水にあらず」　鴨長明

自然とは、いのちの営みのこと。自ずから然らしむるの名の通り、自ずからそうなる、勝手にそうなる、いのちの展開を言います。自ずから巡り続け、生長し続け、

変化し続けるいのちの営み、それが自然という意味です。

ところで、私たちが存在している、いのちの世界、現象世界には始まりがありません。そして終わりもありません。いのちは、時という性質を携え、展開し、変化し、巡り続けます。始めなく終わりなく営み続けます。また、いのちの世界、現象世界には果てがありません。空という性質を携え、いのちは無限に展開し、連動し、一つになって生きています。そのような広大無辺、無始無終の世界に私たちは生かされ生きています。

個々のいのちは誕生し、やがて死に運ばれます。生死生死に巡っていきます。草々の多くは半年刻みで死んでいきます。ジャガイモは４～５カ月、稲は半年、小動物は数年から数十年。人は１００年前後……。人類もいつかは死に運ばれます。地球はもちろん、太陽もいつかは滅亡します。

時間の長短は違いますが、いのちあるものは皆、同じ定めの内にあります。しかし、いのちの世界の営みに終わりはありません。かつて生まれたこともなければ、死ぬこともない。自ずから然らしむるままに、永遠に巡り続ける営みです。

私たちは、この壮大ないのちの世界、現象世界で、すべてのいのちとともに展開し、変容しながら巡り生きています。

一体と個々別々

「いのちは、一体にして個々別々。そして、それはひとつのことです」

川口由一

広大無辺、無始無終、絶えざるいのちの流れのなかに、今の私の流れがある。果てなきいのちの世界と一体でありながら、個別生命の私として生きている。一体でありながら個々別々。これがいのちの姿となります。

草は草、虫は虫、空は空、私は私……。全く別の営みでありながら、しかし、一つになって営まれているこの世界。個々のいのちが絶妙に絡み合い、大きな流れとなって息づいています。

草は草を、虫は虫を、稲は稲を生きながら、田んぼ全体と調和している。肝臓は肝臓の働きを、心臓は心臓の働きをしながら、身体全体と調和している。北極は北極の働きを、熱帯は熱帯の働きをしながら、地球全体と調和している。地球は地球の働きを、星々は星々の働きをしながら、宇宙全体と調和している。

すべては一体でありながら個々別々です。全体をつくっているのは個々のいのちです。全体のために、個々のいのちがしなければならないことは、一つしかありません。私が私のいのちを生きる。それが全体の営みに他ならないからです。

個々のいのちが、それぞれに自分を全うすることで、全体は絶妙の調和をなし、展開していきます。私たちが自分を確かに生きる時、自ずと全体は調和していくのです。他のために自分をおろそかにしてはいけません。私が私を生きることが基本です。そして同時に、自分に囚われてはいけません。私は全体の流れのなかで、働きをなすことが基本です。それらは、矛盾することではありません。

個として、確かに生きている時には、全体と見事に調和し、全体と一体の営みができているということです。全体のなかで、確かな役割を果たし、全体と一つになっているということです。そして、全体と確かに一体になっている時には、個としても確かに確立されているということになります。

「一体」を究めれば、自ずから「個」が確立され、「個」を究めれば、自ずから「一体」が確立されるのです。一体と個々別々は、ひとつのことなのです。

全体と一体になって生きている時、私は私として、確かに存在しています。もし、私が一体の境地を悟れず、全体の流れに添えない時、それは単なる独りよがりの私、わがままな私となります。私が本来の私を生きれていない状態です。個を生きているようで、じつは個の分を悟れず、私を確立できていません。それでは事々はうまくなせませんし、納得が入らず、心が安まりません。もちろん全体と一体の調和をなせません。

あるいは逆に、個になりきれず、全体の流れに依存している時、私は私の役割を果たせず、やはり納得が入りません。一体を生きているようで、じつは一体になれず、なれ合いの関係、もたれ合いの関係、足の引っ張り合いの関係になります。一体と個々別々の姿を知り、その境地を体得しなければなりません。

稲が必要としているお世話を、本当に的確におこなえる時とは、私が一体と個々別々の境地を体現している、その時です。

自力と他力

「自力100%他力100%」　川口由一

他力とは、他から生かされているあり方です。自然界の個々のいのちは、例外なく個では生きることができません。大いなる自然界の営みに生かされ、他のいのちに

生かされ、生きるいのち（ニンジンの花）

生かされている存在です。他に生かされるあり方、これが「他力」です。

また、自力とは、自分の意思、自分の力で生きていくあり方です。大いなる恵みを与えてくれる自然界ですが、何もせずに待っていても、生きることはできません。自ら生きていかなければなりません。自らさまざまなものを獲得していかなければなりません。自ら生きるあり方、これが「自力」です。

他から生かされて初めて、個々のいのちは生きることができます。つまり、「他力」あっての「自力」です。また、他から生かされるかどうかは、私のあり方にかかっています。他力を受けられるかどうかは、私にかかっています。つまり「自力」あっての「他力」です。そのような関係性にあります。

それゆえに古来、存在の根本は、自力なのか他力なのか、どちらが本当なのか……、と議論されてきましたが、この自力他力は、どちらか一方が大切なのではありません。どちらかの生き方を選ぶものでもありません。半々の要素を取り入れながら生きてゆくのでもありません。生かされ生きる「自力１００％他力１００％」がいのちの姿なのです。

自力他力、両方の要素を余すことなく生きるには、私たちがどのようなところに生かされているのか、どのようなところに生きているのかを学ぶ必要があります。十分に生かされるあり方、十分に生きるあり方が明らかになるほどに、自分の存在が確かになり、私の人生は確かになります。

自力１００％他力１００％というと、数学的に矛盾しているように思えるかもしれません。自力50％他力50％、合わせて１００％が本当ではないかと……。しかし本来、いのちのありようは、そのように平面的に割り切れるものではありません。私たちが認識している四次元の世界観で、いのちの全貌が認識できるものではありません。いのちの実相は、じつに複雑で深遠です。私たちの認識を超えた多次元の存在です。私たちの意識の深まりに応じて、それらの認識も深まっていきます。

身体・心・魂

いのちを織りなしているものには、さまざまな層があります。いのちとは、単なる物質的な現象ではありません。その現象は、多元的です。古来、多くの先人たちは、いのちを織りなす層を、身体、心、魂と位置づけてきました。いのちの組成もまた、一体にして個々別々。身体、心、魂の別なく一体、それでいて、身体は身体、心は心、魂は魂……。

いのちを構成する要素のうち、より粗雑な現象を身体、より精妙な現象を心、さらに精妙にして、いのちの根源にあるものを魂と呼んでいます。いのちの表層にあるのが身体のレベル、その奥に心のレベルがあり、さらに奥底の深層に魂のレベルがあると考えればわかりやすいでしょう。

いのちの世界では、すべてが一体の営みですから、個々のいのちは、身体レベルで有機的に結びつき、変化変容、食べて食べられての営みをしています。また同時に、心のレベルでも個々のいのちは有機的に結びつき、一体の営みをしていますから、さまざまな想念が他のいのちに影響を与えることになります。

心は目に見えるものではありませんので、一体の営みを感じにくいかもしれませんが、心の働き、想い、想念が意識下でつながっていることを、多くの方が日常で経験しておられるはずです。例えば、肯定的な想い、波長が作物の生育を良くするということは、広く知られています。

私の想いが受け止めてもらえるかどうか、わかりません。願いが叶うかどうか、わかりません。祈りが成就するかどうか、わかりません。しかし、それらは必ず宇宙に響き渡り、作用します。そして、それらを悪用したものが呪術などになります。目に見えぬことですが、意識を少し精妙なところに鎮めれば、それらのことは徐々に察知されていきます。

魂とは、個々のいのちをあらしめる根源の要素。最も精妙な私であり、相対界の現象に作用されない純粋無垢なみたまのことを言います。一般に、「魂の曇り」と言うことがありますが、魂が曇るのではなく、感情などの表層の意識が曇りとなって、魂の輝きを曇らせるのです。

稲の魂を感じる赤米の出穂

また、「さまよえる魂」などとも言いますが、魂がさまようのではなく、感覚や感情などの表層の意識に引っ張られ、根源の私を見失っている状態を言います。誰かが発する、存在の奥底から湧きでた言葉や行動に触れると、私たちはその人の「魂」を感じるのは、そのためです。魂はいつもクリアな状態です。無明は、存在の表層に意識が囚われているゆえに起こります。執着とは、存在の表層の意識に囚われて、本来の境地から外れてしまっている状態を言います。

境地とは、どのような意識状態に立っているかということです。境地が低いということは、次元が低いということ。つまり、存在の根源に立っているのではなく、意識の表層のレベルに囚われて立っているということです。境地が高いということは、意識が深く、存在の根源に立っているということです。

自己実現とは、意識を深め、魂レベルに立ち、生きている状態を言います。本来の自分として生きることができているということです。しかし、意識はすぐに表層に囚われますから、古来、人々は、意識を深くに確立するべく精神修養を重ねてきました。魂レベルに立脚し、意識を存在の根源に確立した人を「悟った人」と呼んできました。「悟る」とは、存在の根源に立ち、認識するという意味です。

いのちは、営みを重ね、学びを重ねるなかで、徐々に成長し、意識を深め、存在の根源に近づいていきます。

人として生きる

「人に生まれ　人に生きん　大いなる我に生きん」

川口由一

人として生きるとは、どういうことでしょうか。人としての幸せは、どこにあるのでしょうか。人とは、どのような性質を持っているのでしょうか。

ここでは、人の生理的な成長のあり方を、稲の生長に重ねて考えてゆきたいと思います。

稲と人の育ち方

●誕生（発芽期）

一粒の種のなかには、誕生し、生長し、いのちを全うしていくだけの力が内在されています。私たちが今に生きるということは、過去からのすべてのいのちの流れを受けて生きるということです。過去からの課題や夢、願いを宿し、今に生きるということです。いのちの最前線、それが、私たちのいのちです。そして次の世代のいのちです。大切にはぐくまなければなりません。

乳幼児期のあどけない姿には、誰もが引き込まれます。しかし、それは単に小さいいのちの姿に可愛さを感じているだけではありません。赤子の持っている曇りなき眼《まなこ》に、いのち根源の光を合わせ見ているのです。成長していくなかで、さまざまな困難に出逢い、ことあるごとにいのちを冒し損ねられる機会があります。この世は決して楽なところではありません。尊きいのちを冒さぬよう損ねぬように、大切にはぐくみゆきたいと願います。

機縁を得て、いのちは誕生します。いかなる場合であっても、いのちの誕生は祝福されています。

お米はお米の、私は私のいのちを生きることが、全体にとっても最善最高の営みとなります。大いなる旅のスタートです。

●幼少年期（幼苗期）

時機を得て芽を出した稲は、苗床で仲間たちと群がって生育していきます。幼少年期の稲は、群がってはぐくむ方が、健やかに生長していきます。小さいいのちに必要な空間は与えますが、必要以上の空間を与えず、苗床で育てます。幼いいのちにとっては、大自然に一人ポッンと生きていくより、仲間とともの方が心強いのかもしれません。

農夫の庇護のもと、優しいまなざしに見守られて生長していきます。背丈も低くまだまだひ弱な姿ですので、他の草々や動物に冒されぬよう心配りが必要な時です。小さないのちのうちにも、たくましい生命力を宿しています。

人もまた、この時期には、両親祖父母に見守られて、愛情を注がれて育っていきます。この時期に十分に愛されることが、非常に重要になります。周りのいのちから愛《め》でられ祝福されることで、幼いいのちは安心して、十全にまろやかに健やかに育っていきます。

この時期の稲の葉色は、薄い緑が健全な色です。少年期でありながら、大人のような濃い色をしている苗は、一見たくましそうにも見えますが、結果的に病虫害にかかりやすかったり、いびつな生長になりやすいとも言えます。少年期は少年のあどけなさがあるのが健全です。

生長を急がせてはいけません。根を張る時期にはしっかりと根を張ることが、結果的に最善の結果をもたらします。いのちの営みそのままに見守っていきます。必要があれば手を貸し、必要ない手出しは一切しない。いのちを信頼し、任せることが大切です。いのちを見る目が必要になります。

●青年期前半（分けつ期）

一途な生長を重ねていきます。天に向かって真っ直ぐに、伸びていく時です。稲は、身体づくりの営みを盛んにして、戸惑うことなくたくましく育っていきます。弱々しいかつての面影はなく、たくましく潤った身体をつくり上げます。

天に向かって真っすぐに伸びていく（分けつ期）

身体をたくましくし、力をつけてきた子どもたちは、今まで以上に自立心をもって世界とかかわっていきます。キラキラとした目で、迫り来る現実に冒されまいと奮発しながら、自己を確立できない不安と戦いながら、ひたすらに学びを重ねていきます。

浮き足立ち、先走りがちなこの時に、両親の存在が果たす役割は大きいのです。何も語らずとも、両親の安定が、子どもを安定させます。そして、優れた先人、師との出逢いが人格形成を決定的にしていきます。かかわりを持つ、周りのすべての人のありようが大切なことは言うまでもありません。

多感であり、純粋でもあり、傷つきやすい時でもあります。若さゆえの失敗と挫折、若さゆえの身体の勢いに任せた暴走に陥りやすい時期にもなります。さまざまな失敗を繰り返しながらも、ひたすらに進み、あがくなかで学びを重ね、苦悩とともに、本当の答え、本当の自分を探求する時期です。苦しい時期ではありますが、易きに流れず、自分を誇張することなく、あわてることなく、育ちゆくことが大切です。

●青年期後半（出穂・開花・交配期）

人は、少しずつ独り立ちができていきます。たくましく育った身体を糧に、自力の要素を強くして、活発に活動していきます。しかし精神的に未熟な場合は、身体に依存し無理をして損ねてしまったり、自力の要素が過ぎて、無茶な道を突っ走ってしまうこともありがちです。

出穂　稲は、身体づくりの営みを落ち着かせ、宿しているいのちの営みそのままに、時を得て穂をつくります。人もまた、さまざまな試みのうちから我が生きる道を見出し、少しずつ少しずつ自分の人生へ踏み出していきます。

開花　稲は時を違えず、ひっそりと可憐に、美しく花を咲かせます。誰が見ていようといまいとも。人は開花の方向を誤りがちなのかもしれません。開花をあわてたり、大きく見せようとしたり、違う花になりたがったり……。誠実に歩みを重ねていけば、ふさわしい時に、ふさわしい形で、必ず花は咲くのです。私はただ、私であることに集中します。

交配　わずかな時の間に、稲は交配を終えます。交配は次のいのちを宿す大切な営み。神を感じさせる行為です。

性の交わりは、この上ない喜びを得ることができます。理屈ではない深くからの欲求を満たしてくれます。個々のいのちが、本来は一つの存在であることを深く感じることができるからです。それだけに、普段、一体であることを見失いがちな我々は、性に強い執着を持ちやすいのです。

執着からさまざまな問題を招いたり、必要以上に抑制したりして歪めてしまいます。しかし、じつは生きるというすべての行為が、同じ価値を持ち、同じ深さを持つものであるとも言えます。成長し、意識を深めゆくなかで、少しずつ執着を手放していくことができるようになります。

結実した天地の恵み

●**壮年期（結実期）**

開花交配した稲は、いのちを宿し実を結びます。開花交配を経て、一つのいのちが生まれていくさまは、まさに荘厳です。

人もまた、仕事を重ね、生きることを重ね、いのちの充実感を感じることができる時期となります。社会では働き盛りの時です。役割をこなし、大いなる働きをなすなかで、学びが深まりゆく時でもあります。自分のことやいのちのことが、青年期とは次元の違う深さ、広さで見えてきます。経験を重ねるなかで、肉体に依存したあり方から、精神性を発揮するあり方へと育っていきます。誠実に重ねる日々が、明日の実りを確実にしてくれます。

●**老年期（成熟期）**

茎葉は潤いを失い、枯れてくる一方、子である種は充実し完熟の時を迎えます。稲の場合、私の死期が、子どもを完全ないのちの種に育て上げる時期でもあるのです。次のいのちを完全につくり上げるということは、私の今生での役割が完成したという意味でもあります。

人もまた、老年期で完成への歩みを重ねます。精神性が深まっていきます。身体が枯れていきますから、身体に執着している場合には、寂しさや哀しみのうちに生きることになります。身体は枯れていこうとも、精気があり、生き生きとしていて新鮮さがある姿が理想的です。今生で生きてきた集大成ともなる時、いのちの根源に向かって新たな展開へ旅立つ晴れの時期です。

年長者は、どのような生き方をしてこようとも、必ず生きてきただけの存在感を放ちます。ただいるだけで、別格の存在感と働きを有します。肉体を維持し、長く生きてきたということは、それだけで偉大なことです。若いいのちたちは、目に見えて、あるいは見えないところで、先のいのちに支えられ、力づけられ生きていくことができるのです。

●死（亡骸）

稲のいのちは、子どものいのちを完成させると同時に死に至ります。死して亡骸となってなお、場を養い、次のいのち、他のいのちを養っていきます。田んぼにおける亡骸の働きは絶大です。死してなお、働きをなし続けるのです。

人の死もまた同様です。祖父母の死、両親の死が次のいのちになす働きは絶大です。次のいのちは、そこで学び、背中を押され、強く育っていきます。先人の身体はなくなっても、その教え、その軌跡は決して消え去りません。死してなお、その存在は消え去りません。死してなお、その働きはなくなりません。

育つ

「玉磨かざれば器とならず、人学ばざれば道を知らず」
礼記

人として育つということを、一言で語れるものではありませんが、育つために、何が大切かと言えば、それは学びを重ねることです。「育つ」ことは自ずから起こります。学びを重ねるなかで勝手に育っていきます。例えば、ただ生きているだけでも、いのちは育ち、徐々に成長していきます。しかし、確かな学びを重ねることで、よりスムーズに確かに成長していくのです。では、「学び」とは何でしょうか。具体的に何をすればよいのでしょうか。

人として生きる上で養うべきことはたくさんあります。人に授かったものを生かしていくには、総合的な学びが必要です。しかし、その根源にあるのは「よく認識する」ということではないでしょうか。

例えば、社会のさまざまな仕組みや出来事などについて認識を深めることも大切ですが、ここで言うのは、いのちへの認識を深めるということです。いのちの世界はどうなっているのか、人とはどうなっているのか、私はどうなっているのか……。

いのちについての認識が深まるということは、私の姿が正確に見えてくるということです。私のことが正確に位置づいてきたならば、なすべき答えは自ずと導かれていきます。進むべき道が明らかとなり、いのちの流れ、私の成長はスムーズになっていきます。

いのちのことがわかるに応じて、少しずつさまざまな無明が晴れていきます。いのちの姿を認識していくなかで、少しずつ意識も深まり、執着も少なくなります。本来の自分に育ちゆくなかで、依存からも離れ、一人でしっかりと立てるようにもなっていくのです。

自立とは、自《みずか》ら立つということです。例えば、社会のなかで経済的に独り立ちすること、それは自立のほんの一面のことです。それ以上に、精神的に自立できることが、より本質的な自立となります。真の自立とは、私が私の魂から立つということです。

自由とは、自らに由《よ》ること、自らの魂に由って立つことを言います。自らの根源に立脚する時、人は本当の自由を得ることができるのです。自由とは、好き勝手に振る舞うことを言うのではありません。それらは、自らの欲求に振り回され、囚われている状態です。不自由な状態です。

本当の自由とは、意識を深きに定め、何ごとにも囚われない境地に立脚していることです。自らの魂に由っていることです。そこに至って、人はさまざまな囚われから自由になります。真正な行動ができるようになります。自然に添うことを考える必要がなく、自らの欲するままに行動することで、自然界の脈動を体現していきます。自然界と一体になり、私の欲するがままに、私を生きていくことができるのです。それが自由の意味です。

＊

機が熟した時、出逢いは起こります。誰もが真理を求めています。成長を求めています。そのようには認識していなくとも、魂の奥底からそれを希求しています。「苦しみや迷いから解放されたい。成長し、大いなる我を実現したい」といのちは願っているからです。私たちが必要としているものを、成長の段階に応じて、自然界は必ず用意してくれます。ふさわしい時に、ふさわしい出逢いがあるものです。

例えば、自然農の学びの場では、教える者は教える者として、学ぶ者は学ぶ者として出逢い、互いに必要な学びを重ね、成長していきます。自然界の計らいには絶妙を感じずにはいられません。学ぶ者は、そこで育ち、やがて教える側に回ります。育てられた子どもは、やがて親となり次のいのちを育てます。いのちは巡りゆくのです。

当然、親の役割を担わない人もいるはずです。後進の指導にかかわるかどうかは、単純に役割の違いです。優劣ではありません。本当に成長した人は、たとえ山奥に独り隠遁していようとも、その存在から、世界に良い影響を与え続け、次のいのちを導いていきます。

育てる

「何もかも　何もかも　いのち自ずから」　川口由一

過去、大きな働きをなされた先人のなかには、恵まれた環境に生まれ育った人がいるかと思えば、厳しい環境に生まれた方もおられます。

よく成長するということを目標に置く場合、どのような環境が当人にとって最善なのかは、一概には言えません。恵まれた環境だからこそ健全に育つとも言えますし、厳しい環境だからこそたくましく育つとも言えます。次のいのちにどのような教育を与えるべきかを考える時、それぞれが育つにふさわしい場があることに思い至ります。

では、どのような場所がその子どもにふさわしい場なのでしょうか。それは基本的に、その子どもの生まれてきたところです。両親祖父母の足元です。そして親の選んだ教育の場が最善の教育の場であるということになります。この宇宙には摂理があります。その運行は絶妙です。個々のいのちはふさわしい場所に生まれてきます。

子どもは親を選んで生まれてくる、とさえ言われています。自分の学びにふさわしい、自分の役割にふさわしい、自分の進化にふさわしい場所に生まれてくるのです。その場所で育つというのが基本です。両親の庇護のもとにいる年代では、両親の出した答えに身を置くのが最善の環境です。自分で答えを出せる年代に入った場合は、自分のうちから湧いてくるものを頼りに、精一杯に選んだ答えが最も自分をはぐくんでくれる環境です。

ところで、教育とは個々のいのちに添ったものでなければなりません。作物のいのちに添うように、個々のいのちに添うのです。いのちの営みを損ねることなく、いのちを信じ任せ、余計な手出しをしないことです。基本的に、いのちはいのちが生きていく上で必要なものをすでに宿しています。余計なことをしなければ、自ずから

自然のなかで一体となって育つ(小麦の種蒔き)

人生をつくっていきます。育てることの根本は、見守るということです。

子どもに、何かを植えつける必要はありません。子どもが宿しているものを尊重し、歪めないようにしなければなりません。それでいて、必要に応じて手を貸してあげます。子どものいのちが損ねられそうな時には、直ちに的確に働きかけます。

親が、親の答えをはっきりと示さなくてはなりません。幼い子どもは、内側に宿しているものを未だ十分に発揮することができません。子どもに宿るものを真正に開いてあげる、その手助けが躾《しつけ》という行為です。

子どもは、さまざまな感情を抱えています。喜び、怖れ、不安、不満。それらを分け隔てなく受け止めてあげることが大切です。いずれの感情であれ、いのちからの発露です。ありのままに無条件で受け止めてあげなくてはいけません。しかし、ダメなものはダメだと示し続けることが大切です。親の答えを示し続けることが大切です。

次のいのちは、親のもとで自ずから育ちます。ともに生活するなかで自ずから成長していきます。大切なことは、子どもをよく教育すること以上に、親がよく育つことです。親が答えを生きていることです。親の成長に応じて、子どもは必要なことを自ずから吸収し成長していきます。

自然農の田畑に子どもたちとともに立ち、自然界の美しさ、厳しさに触れながらの子育ては、かけがえのない時間です。ひとつの時をともに過ごし、大いなる自然界の営みをともに感じるなかで、子どもたちは、言葉では知り得ない自然界の本質を自ずから感得し、生きるという事実を真正に理解し、たくましく育っていきます。

私を生きる

私のゆく道

「自らを灯明とし、自らをよりどころとして、他人をよりどころとせず、法を灯明とし、法をよりどころとして、他のものをよりどころとせずにあれ」

ゴータマ・シッタルタ

個々のいのちは、一つひとつに必ず違いがあります。同じものは何一つ存在しません。同じ種であっても、その背景はすべて異なっています。私が生まれもって授かった身体、精神、能力、資質、使命、それらは個々のいのちによりすべて違っています。私は決して他のいのちを生きることはできません。私に授かったいのちを生き、営みを重ね、学びを重ね、成長を重ねて運ばれていくのです。

私は、どのように生きていけばよいのか……。この人生で、何をすればいいのか……。それらは、誰もが自らに問いかける問題です。私のゆく道はどのようにして決まっていくのでしょうか。

道を織りなしていく要素には、過去からの流れ、私の資質能力、内から湧いてくるもの、私の置かれている状況、私の状態などがあります。いのちの世界には、向き不向き、合う合わないがありますから、今生での私の役割を認識し、私にふさわしい生き方を身につけることが大切です。

例えば、自然農に出逢い、自然農とともに生きる場合、専業農家になる道もあれば、仕事をしながらの農的暮らしや、完全に自給自足の生活に入る道もあります。あるいは、自然農の心で都会生活をする道もあるかもしれません。しかし、どの道にも優劣はありません。私にふさわしい生き方が、私にも全体にも最善の道となります。

道に優劣はないのと同時に、道に出逢うタイミングにも優劣はありません。例えば、自分の使命を幼少から見出す人生もあれば、生涯にわたり自分のなすべきことを探求し続ける人生もあります。当然、職業としての私の道には早くから出逢うことがよいと言われています。そ

いのち自らの発芽(カボチャ)

の道を深める時間が長くなると考えるからです。しかし、天職を得て、人は何をなすのでしょうか。天職に早くに出逢うことで、確かにその分野で大きな働きをなすかもしれません。しかし、いのちにとって大切なことは、自分のいのちにふさわしい学びを重ねることです。進化を重ねることです。例えばそれが、自分の役割を探し求めるだけの人生であったとしても、必ずそこには意味があり、学びがあり、働きがあります。いのちの進化の過程では、そのいのちが重ねなければならない出逢い、学びが必ず用意されています。

そこを通ることなしには次へ進むことができません。いのちは自ずから誕生し、必要な学びを重ね、働きをなし、次のところへ運ばれていきます。生まれる時には生まれ、死ぬ時には死ぬ。迷う時には精一杯に迷えばよいのです。それもまた、進化の一つの姿です。それしかないのです。

私は、いのちの内側から湧き出づるものを頼りに、いのちのままに学びを重ね、成長を重ねればよいのです。他と比べることには、意味がありません。過去からの流れや持っているものが違うのですから、他とは比較のしようがありません。過去から背負っているものも、今生での使命も、生まれながらの意識のレベルにも違いがありますから、私のいのちを生きることで、私を全うします。

個々のいのちは、より成長を重ね流転します。いのちの世界は、より安定、調和の運行に向かいます。それが、究極的ないのちの流れる方向です。

個々のいのちは、学びを重ね、成長を重ね、進化していきます。しかし、それと同時に、蒔いた種は必ず刈り取らねばなりません。引き起こした不調和の反動は、必ず引き受けなければなりません。それは、いのちの進化における掟です。自然の営みから外れた行為は、必ず何かしらの不調和を発生させます。それらは、巡りめぐって必ずわが身に返ってきます。

こうして生まれたさまざまな因縁のなかで、いのちは学びを重ね、脱皮を重ね、進化を重ねていきます。不思議なことに、個々のいのちの進化にふさわしい学びや課題に出逢うように、いのちの道は開かれています。すべての個別生命は、自分の意識レベルで物事を判断し、生きることしかできません。自分なりの歩み、学びを重ねれば、それがいのちの全うに必ずつながります。

自分のいのちを生きることで、最善の展開に運ばれていきます。私が私の分を生きる。私が私のいのちを生きる。この壮大な宇宙の物語のなかで、一つのいのちが重ねる営み。何とも愛おしく、何とも尊いことに思えてきます。

全うする

「神は罰を与えない。ただ道を示すのみ」　作者不詳

個々のいのちには、生理的な全うの姿があります。例えば稲は、一粒の種から芽を出し、一本の茎が数多くに分かれ、やがて穂を出し、開花交配し、実をつけ、熟し、一生を全うしていきます。人もまた、生理的に見ると、一人の赤子が、育ち、成人し、やがて連れ合いを見つけ、次のいのちを授かり、子どもをはぐくみながら生を全うします。

しかしそれは、あくまでも生理的な全うの姿であり、いのちの世界のトータルな全うの姿ではありません。例えば稲の場合、実った籾のすべてが芽を出し、次の世代へいのちをつなぐわけではありません。そのほとんどは、人や動物の食物となり、個としてのいのちの役割を終えます。

このように、自然界に生きる動植物の多くは、生理的に全うすることなく、次の展開に運ばれます。

なぜならば、いのちの世界に存在する我々は、他のいのちを食することでいのちを養うからです。誰かが食べられてくれないと、誰一人存在できないのです。つまり、次の世代へいのちをつなぐことが大切な役割であるならば、食され、他のいのちに回っていく姿も、大切な役割だということです。どのような役回りになるにせよ、自分の定めのうちにあることが、全うの姿です。

人の場合、さまざまな人生があります。生まれながらにして置かれた環境、自ら望んで選択した状況、その背景はさまざまですが、いのちは最善に展開していきま

草は草、虫は虫のいのちを全うする

す。どのような状況であろうと、私が私なりに精一杯の日々を生きることが、私の全うです。

今生で、若くして亡くなるかもしれません。結婚しないかもしれません。次のいのちを授からないかもしれません。夢は叶わないかもしれません。どのような境遇になるのかは、わかりません。しかし、そこに優劣はありません。

生命流転の摂理のなかで、すべては粛々と進んでいきます。天寿というのは、長寿とは別のことです。天から受けいただいたいのちを、いのち一杯に生きることが、私の生きる定めです。

すべての個別生命の誕生には意味があり、役割があり、働きがあります。自分の定めを精一杯に生きるなかに、必ず全うの道が用意されています。必要な学びを重ね、必要な働きをなし、必要な役回りを演じ、いのちは次のところへ運ばれていきます。

使命を知る

「広大無辺の宇宙　小さき地球を我が住みかと悟って
百千の生命達と使命を全うせん　我も人という神になり
百千の神々達とちぎりて　天命を全うせん」　川口由一

この果てなき宇宙空間に、私といういのちは、一つです。大いなるものから生まれきて、かけがえのない時を生きて、やがては死んでいきます。宇宙の歴史のなかで、それは一瞬の瞬きです。どのような人生も、神の栄光に彩られ、光り輝いています。この宇宙の壮大な物語の一つです。

授かりし光り輝く美珠、尊い尊い一つのいのち、それが私です。流れ星のように、燦然《さんぜん》と輝きを放ちゆくのが、私の今生です。社会的に立派である必要はありません。それらは、私の栄光とは関係のないことです。私が私のいのちを生きる。私が私の物語の主人公になりきる。それだけが私の真実です。

私たちは、大いなるものから生まれてきました。大いなる働きを宿して生きています。誰のうちにも大いなる使命、大いなる天命があります。この事実を侮《あなど》ってはいけません。草は草を、虫は虫を、私は私を全うすることが宇宙の大いなる安定です。

役目というのは、生きていくなかで自ずから授かる私の分です。置かれている状況により、役目は変わりゆきます。

地球はいのちの楽園、神々の花園

親には親の役目があります。集団の長には長の役目があります。学生は、学ぶことが役目です。農夫は農を営むことが役目です。医者は医道を尽くすことが役目です。私が私を生きていくなかで、自ずから役割が生まれ、役目を授かります。そこで、私は働きをなし、学び、成長を重ねていくのです。

＊

地球はもとより、いのちの楽園です。花が芳香を放ち、蝶が舞い、木々がそよぎ、風が渡っていきます。機縁を得て誕生した個々のいのちは、いのちの営みを重ねるなかで、自ずから他のいのちを養い、他のいのちを照らし、他のいのちを楽しませて生きています。

私も私を実現することで、大いなる天命を全うします。天命使命は、私の内側にすでにあります。それは、私たちの内側深くからの願いです。私のいのちは私を生きたがっています。大いなる私を実現したがっています。

意識を深く定め、私が私のいのちをありのままに生きることが、すなわち私の天命使命を果たしていくことです。

答えを生きる

「問いを生きるのではなく、答えを生きる」　川口由一人はいつ、この世を去るのかわかりません。しかし、もっと正確に言うならば、本当は日々刻々と死にゆき、日々刻々と生まれ変わって生きているのです。朝、目覚め、昨日と同じような風景が目の前に広がっていても、それは決して昨日と同じではありません。私が、過去の印象やしがらみを引きずっているだけなのです。

いのちは絶えず営み、いのちを更新させ、進化していきます。いのちの最前線、人類が未だ知らない今日を、私はゆくのです。道なき道を人はゆかねばなりません。

私のいのちは、日々新たです。いのちの世界も日々新たです。過去はすでにありません。未来はまだきていません。過去からの流れを受けいただき、私は私の今日を生きていかなければなりません。今日、私の答えを生きていくことで、過去から残している問題は自ずから改善に向かい、自ずから確かな未来へと運ばれていきます。

人類は、すでに多くの経験を重ねてきました。たくさんの悲しみを越えてきました。たくさんの苦しみを越えてきました。たくさんの過ちを越えてきました。私たちは、もう十分に苦しんできました。今なお、至るところに現れている悲しい現実は、すべて私たちの内側の現れです。

本来、その多くは、私たちのあり方一つで変えることができるはずです。そして、そのために、私たちはどのようにあるべきなのか、本当はすでに知っているのだと思います。わかっていながら、何かに依存し、何かしらに囚われ、本当の力を眠らせたまま、答えをあいまいにしたままで生を重ねています。

あっという間に時は流れ、生は去りゆきます。私たちは次のところに運ばれていきます。問いを生きてきた時代は終わりました。本当に納得のいく、本当に生きたい答えを生きていかなければなりません。いのちの声に耳を傾け、私の無明を照らさなければなりません。

私たちの外側には無限の宇宙が広がっています。そして、私たちの内側にもまた、無限の宇宙が広がっています。無限の宇宙を感じ、絶対の光に照らされて、私たちは今、ここに生きています。

空には渡り鳥がゆきます。夜のとばりが落ちてきます。虫たちがしんしんと鳴きはじめます。月冴えて、静寂が広がります……。

大いなる光を灯し、すべてのいのちとともに、私も私の道を確かにつくりゆきます。宇宙は今日も運行し、静かな営みを重ねていきます。

◆赤目自然農塾の世界～学びの場の拠点として～

自然農の学びの場の拠点として

自然農でのお米づくりの方法・技術を身につけていくためには、実際の作業を見ることや、自然農の経験を重ねている方から話を聞くことが学びとなります。自然界の営みははかりがたく、さまざまな出来事が起こってきます。先人が重ねてきた経験から、自然界への応じ方や稲作のコツを直接学ぶことが大切です。

山間地を舞台とする赤目自然農塾

月に一度の定例の学びには200名以上が参加する

巻末に各地の主な学びの場を掲載していますので、近くの学びの場を一度訪ねてみるとよいでしょう。巻末に掲載しました自然農学びの場インフォメーションは、赤目自然農塾や各地の学びの場で自然農を学ばれた方々が、自然農を実践しながら、求める方々に応えるべく開かれているものです。

ここでは川口由一さんが主宰しています、赤目自然農塾の概要を紹介します。

赤目自然農塾の立地と入塾者

赤目自然農塾は、自然農を学びたい人が、誰でもいつでも学ぶことができ、規則や約束事等にしばられることなく、実践を通して自由に学ぶことができる場として、1991年3月に、奈良県室生村（現、宇陀市室生区）と三重県名張市にまたがる棚田を舞台として始まりました。大型機械が入らず10年、20年と耕作放棄されていた田んぼを、鎌とスコップと鍬を用いて手作業で切り開いていきました。

入塾者が増えるにつれて借りる土地を増やし、現在で

赤目自然農塾の平面図

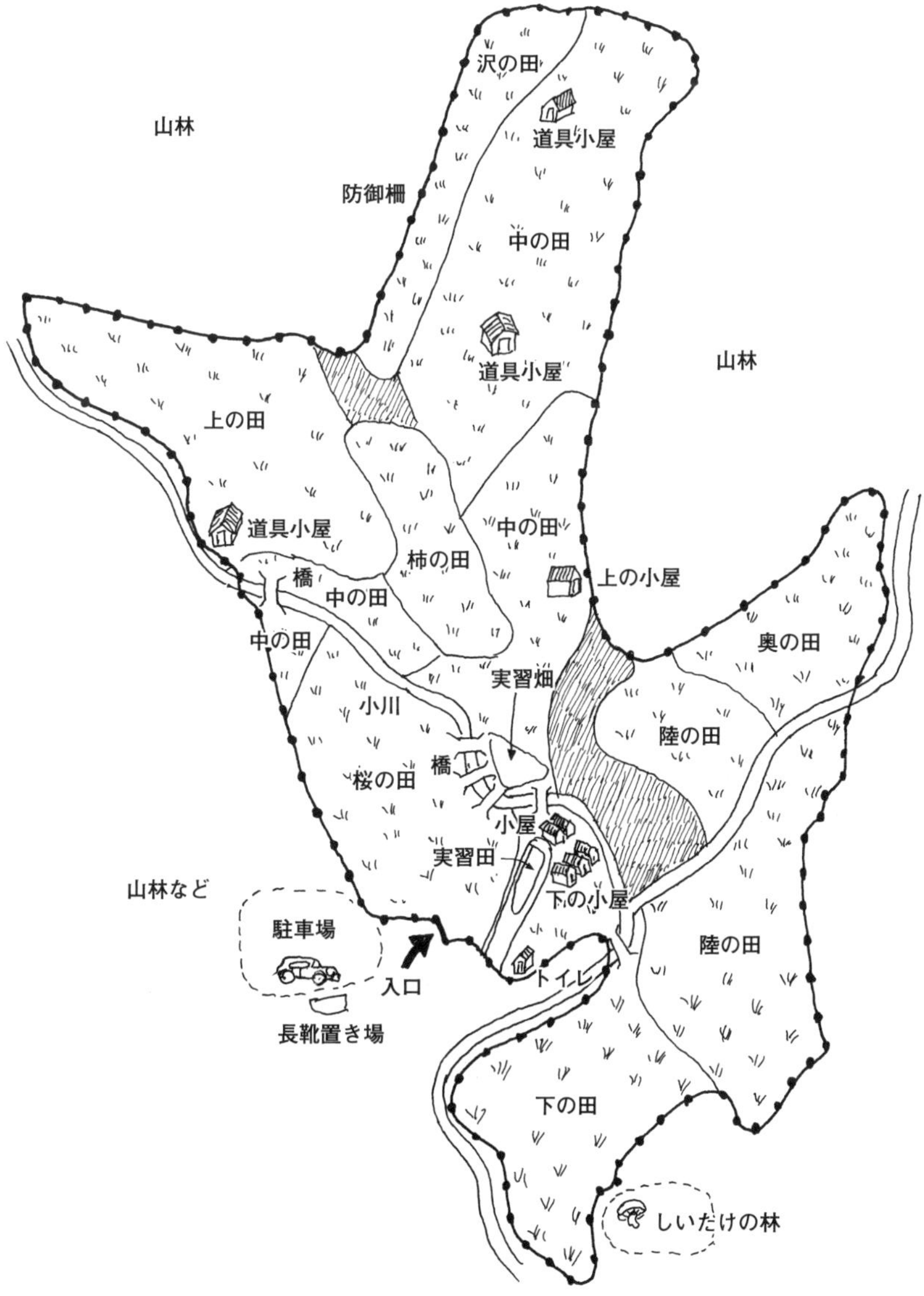

注：①広さ約３町歩(9000坪)。奈良県宇陀市室生区と三重県名張市にまたがる谷戸が舞台
②田んぼに名前をつけ、水が入るところは水田に、水が入りにくいところは畑にしている
③塾生の共同作業で建てた休憩のための小屋、道具小屋、トイレなどがある
④田んぼの周囲には、猪や鹿よけのための柵を巡らせている
⑤川に架けた橋も、地主さんからいただいた近くの山の間伐材でつくっている
⑥田畑は８名の地主さんから借りて、桜の田の一部に地主さんが作付けしている田んぼがある

大豆の足元の草を刈る

麦の収穫についての説明

種の蒔き溝をつくる

小屋に並ぶ鍬とスコップ

は広さ約3町歩近く（9000坪）を地元の農家8軒の方から、農業委員会を通して主宰者の川口由一さん名義で借り受けています。

1991年から、塾が始まり、これまで延べ9000人あまりの方々が自然農を学んでこられ、多い年には400人以上の塾生が学び、2013年6月現在では、260名の塾生が学んでいます。

毎月第2日曜日とその前日の土曜日を定例集合日（12月のみ第1日曜日とその前日の土曜日）とし、塾生の方々が集い、学びとしています。稲の苗床づくりや田植え、水田の草刈りの時期には、臨時の集合日を設けることもあります。また、自宅の近くで実践する田畑がある方は、入塾せずに自由に学びに参加しています。

塾生の年齢層は幅広く、学生の方から、定年後の生活をしておられる方、小さなお子様をつれられたご家族の方まで、それぞれに楽しく学んでいます。お住まいも、近畿圏を中心としながら、中部、東海、関東方面や、中国、四国、九州地方からも学びにきています。

また、塾生の多くは都市で生活している方々で、農作業を初めて経験する方が大半です。まずは田畑に立つ喜び、作物を育てる喜びを感じることから学びが始まっていきます。

赤目自然農塾では、自然農や農的暮らしに必要な知識と技術と心を習得し、真に自立して自分の人生を展開していくことを学びの目的としています。一人ひとりの思いや自主性を尊重することを塾の基本姿勢とし、学びたい人が学びに徹することのできる場として整えてきました。

　主宰者である川口由一さんは、環境汚染やエネルギー問題、食の安全性等々、さまざまな社会事象を問い直し、真に人が幸せに生きるあり方を求め、食の自立、医の自立を志し、自然農と漢方医学を独学で学び、貴重な経験を重ねてこられました。

塾は実践を通して自由に学べる場

この日、川口さんは脱穀の手順を主に説明

塾生のほとんどは農作業を初めて体験

　その経験から、自然農の実際の作業を伝えるとともに、自然界の理を明らかにし、自然界はどうなっているのか、人はどうあれば幸せに生きることができるのかを、求める方々に伝えてきました。

定例の勉強会の開催

●共同作業の学び

土曜日の10時30分に田んぼに集合して、その季節に応じ、その時に必要なことを共同で作業します。

例えば、大穴があいた田んぼの修復や、がけ崩れの修復、石垣積み、木の切り出し、椎茸のほだ木づくりと菌打ち、道づくり、水路の整備、橋づくり、動物よけの柵づくりと修繕、檻の設置、小屋づくり、トイレづくり、下肥運び、山荘の修繕や庭の手入れ、草刈り等々の作業をおこなっています。

農的暮らしをしていくには、田畑で作物を育てる以外に、さまざまな整えが必要になってきます。田畑を維持していくための作業も必要です。塾での共同作業を通して、それらの作業の方法や整え方を具体的に学んでいきます。

作業の実際においては、川口さんやスタッフ、先輩塾生が中心となり、数人、数十人の人と一緒に作業を進めていきます。一つの目的に向かって多くの人たちと協力しながらことを進めていくには、その作業の中心となっている人に添うことが大切なことであり、いかに添えるかが学びである、と川口さんは教えています。また、作業の中心となる人は、全体の姿をよく見ながら、部分の姿もよく見て、自然界の理に応じて、その時その時に的確な答えを出していくことが求められています。

共同作業に参加することによって、自然の理に応じた作業の仕方を学び、農作業に必要となるさまざまな知識と技術を身につけていきます。また、多人数で目的を達成するためのあり方を学び、人と協力しながら目的を成し得た時の達成感や充実感をも味わい、和して人とともに生きる喜びや大切さをも肌を通して学んでいきます。

赤目塾での共同作業は、決して強制されるものではなく、すべて自由参加としています。自分の田畑での作業がある人は、自分の作業を優先するように塾生の方々に伝え、個々の自主性を尊重しています。

山から切り出した間伐材で小屋を建てる

夜は川口さんを囲んで、言葉通して学びを深める

●言葉を通しての学び

土曜日の夜、山荘では毎回１００名近くの塾生が宿泊しています。実習田で採れた食材を中心にしながら夕食の整えをともにし、楽しく語らいながら夕食をいただ

脱穀を終えた籾を袋に収める

唐箕にかけた籾を箕で受ける

唐箕がけを終え、実の入った籾

き、その後に言葉を通しての学びの時間を設けています。

学びの内容は、その時によって異なり、質問やテーマも多岐にわたっています。作物の育て方、田畑での作業の進め方、自然農の基本となる考え方、いのちのこと、宇宙のこと、芸術・宗教・医療・政治・経済・教育等の本質と具体的な答え、人としてのあり方等々。塾生の方が質問をして、川口さんからお話を伺い、言葉を交わしながらさまざまな問題について思索し、答えを明らかにしていきます。

その際、「決して議論にならないように。人の話を聞く時は、相手のこととしてひたすらに聞くように」と、多くの方とともに学ぶ時のあり方を川口さんは説いています。

一つひとつの言葉が示していることの認識を正確にすることで、いのちの世界を見る目を養い、確かな自己確立に向けて総合的な力を養うことにつながっています。

●実習田での学び

日曜日の10時から、実習田において、その季節に応じた田畑での作業があります。作物を育てる作業を学ぶための時間です。

塾生は、川口さんが田んぼに立って実際に作業している姿を見ることによって、自然農の具体的な作業方法を学んでいきます。作物への手の貸し方を言葉でも説明していきますので、わからないことがあれば質問をして尋ね、納得しながら学びを重ねていきます。

教育は、本来、生活を通してなされるものであって、子どもは親のしていることを見て真似て育ち、そこで必要なことが伝わっていく、と川口さんは説いています。言葉だけでは伝わらないものが、見てもらうことを通して、具体的に確実に相手に伝わります。

塾生の方々は、見ることを通して、自然農の作業方法を学ぶと同時に、作業中における川口さんの身体の動かし方や鍬や鎌などの道具の扱い方を見て、理にかなった作業方法をも学んでいきます。あるいは川口さんが種を蒔いている姿を見て、大いなる自然界の中でいのちと向かいあい、いのちを養う食べ物を育てる人の姿をも学んでいきます。自然界と一体となって美しく生きる人の姿から、自然界のなかでたくましく生きていくことを学び、身につけていきます。

●田畑で作物を育てる学び

赤目自然農塾では、自分で作物を育てながら学ぶことのできる場として、希望に応じて水田や畑を割り振って

足踏み脱穀機の操作を説明する

学びの場には子どもたちの姿も

ぷっくりとふくらんだ畔豆（9月）

川口さんや塾スタッフの作業を見て学ぶ

塾生の田んぼを回って指導する

麦の種を降ろしたあとの草刈りを実習指導

います。自分の田畑が決まれば、自己責任のもとで作物を育てる学びをおこなっています。

日曜日の午後に、初めてこられた見学者の方や入塾を希望される方々に、赤目自然農塾を紹介する時間を設けています。スタッフが説明しながら田畑を案内し、作物が育っている様子や、塾生が作業している姿などを見てもらい、赤目自然農塾での学びの概要を伝えています。

入塾したいと思われたら、水田か畑、あるいは両方を、希望に応じて区画単位で借りることができます。田畑の姿、広さ、地形、周りの景観等々から、自分の感覚を大切にしながら学ぶ田畑を決めます。

これは塾の基本のあり方ともなっており、赤目自然農塾が始まった日にも、何年も放置されて荒れ地となっていた棚田に入り、川口さんが、「それぞれに、ここと思われたところに立たれて、自分の納得のいく場所を決めてください」と参加者の方を案内しました。いのちから納得することが最も確かで、よりよい学びの成就につながると考え、塾生の自主性と自己責任を尊重することを基本にしています。

自分の田畑の場所が定まれば、川口さんから教えてもらったことを、その場で実践していく学びです。土に触れ、草々に触れ、さまざまな小動物に触れ、光を浴び、風を感じ、自らのいのちを自然界に解放し、いのちの躍動を感じながら、農作業を進めていきます。大地に種を降ろし、芽が出た時の喜びと感動、作物が伸びやかに生長し、見事に花を咲かせ実を結んだ時の喜びと充実感などが、私のいのちから湧き起こってきます。そこで揺らぐことのない確かなものを手にしていきます。

　塾生は、定例集合日だけではなく、自分の都合のよい時にいつでも田畑にきて、作物の世話をすることができます。育った作物はそれぞれに持ち帰り、収穫の喜び、食物を味わう喜びをも感じながら、学びを重ねます。

　定例集合日の日曜日の午後には、指導スタッフがそれぞれの田畑を回っていますので、わからないことがあれば、その場で具体的なアドバイスをもらうことができます。また、田んぼの世話係のスタッフもいますので、心配なことがあればいつでも尋ねることができます。

　田畑に立って学びを重ねるなか、人とのつながりも自然に生まれ、多くの気づきを得ていきます。

種降ろし用のソラマメの種

ソラマメの種降ろしを説明しながら実習する

●学びの場を整えることの学び

　赤目自然農塾では、学びにくる方々の学びが、支障なくおこなわれるように、主宰者である川口さんを中心として、その運営を支えるスタッフが五十数名います。スタッフは、それぞれに主な役目が決まっており、役目を通して働きをすると同時に、役目を果たすなかでさまざまな能力を養い、自らの成長の糧としています。

　スタッフは、自然農の学びを数年重ね、自然農に積極的にかかわり、塾の運営に時間と心をかけることができる方に役目を担ってもらっています。

　そして、主宰者の川口さんもスタッフも、赤目塾でのさまざまな役目を、自らの人生における必要な役目であり学びであると位置づけ、一切の報酬を受けることなく、喜びのなかで役目を担っています。

ゴマを鞘ごと天日乾燥させる

掘り起こしたばかりの根ショウガ

田んぼから離れての学び

自然農の学びを中心としながらも、人生全体を視野に入れた総合的な学びを、不定期におこなっています。

●田畑の見学の学び

赤目自然農塾の塾生が地元で展開している農的暮らしの様子や、実践している田畑を見学しての学びをおこなっています。それぞれの地域で、異なる気候や環境のもと、地形や土質、草、水利の違いなどにどのように応じ、作物を育て、自然農を実践しているのか、あるいは住まいの整え方、その実際を見て学びとしています。

起こってきた問題への対応や、現在抱えている課題などを聞き、言葉を交わしながら、互いの課題解決に向けての学びとしています。

●映画上映の学び

広く一般の方々に呼びかけ、自然農の記録映画「自然農　川口由一の世界」の上映会、および講演や各界からゲストを招いて対談をおこなっています。自然農に関心のある方に自然農を紹介する機会をつくり、また視野を広げて農を超えた学びをおこなっています。

●美術紀行の学び

芸術の本質を問い、審美眼を養う学びとして、芸術鑑賞の学びをおこなっています。展覧会での絵画鑑賞、寺社の参詣などをおこない、美を審《つまび》らかにしながら、人としての心のあり方や空間の整え方などを学んでいます。

赤目自然農塾基金の会計

赤目塾では、どのような方でも学ぶことができるように、会費や参加費等を徴収することなく、学ぶ人それぞれの思いに任せています。その思いを受けることができるよう赤目自然農塾基金を設けています。基金への預け入れは、塾生に強制したり呼びかけたりすることなく、寄付を求めることも一切なく、あるいは誰がどれだけ届けたということも明らかにしていません。

塾生の約3分の1の方が基金へ心を届けてくださり、そのなかで塾の運営に必要なことをまかなっています。基金からは、地主さんへの田畑の地代、集合日の駐車場代、地元の区長さんや地主さんへ謝礼をお渡ししています。また実習用の種苗の購入や、田畑で用いる資材や動物柵用の資材を購入しています。

他団体からの補助金などを受け取ることはなく、他に依存せずに、自らの学びにかかる費用については、自らでまかなう自主独立の採算としています。そのなかで必要なものが集まり、必要な学びをおこなうことができています。

他に依存することなく、自らのことは自らで治める自立した人であれるよう、あるいはそのような人に育っていくべく、塾としての基本姿勢を明確にし、会計についてもそのあり方に徹しています。

赤目自然農塾と地元の方との関係

赤目自然農塾の田畑は、地元の農家8軒の方から、農業委員会を通じて正式な手続きを経てお借りしています。一反当たり約2万円の地代を支払い、毎年度初めに地代を振り込んでいます。また、年末にはスタッフと塾生数名で、地主の方や地元の区長さん、駐車場を貸してくださっている方など、お世話になっている方々のお宅を訪ね、一年の御礼を申し上げています。

赤目自然農塾の学びが支障なくおこなわれるためには、地元の方との関係において問題が起こらないように、迷惑のかからないあり方を心がけています。例えば、起こしてはならない山火事の原因とならないように、赤目自然農塾では全山禁煙とし、火を使うのは本小

ダイコンの間引き（左・著者の吉村さん）

籾に混ざっているゴミを取り除く（右・著者の大植さん）

屋のみと決めています。借りている土地以外には入らない、道々の植物を採らない、決められた場所以外に駐車しない、ゴミは持ち帰る等のことを塾生に説明しています。また、町の道路の補修費用の一部を負担するなど、必要なことに応じています。

地元の方は、塾の学びを好意的に受けとめてくださっており、耕作放棄されていた田畑を学びの場として活用させていただくことで、互いに生かし合いの関係となっています。また、時には、地主さんから間伐材をいただいたり、道具小屋をお借りしたり、使っておられない田畑を一時的にお借りすることもあり、地元の方のご好意によって支えられています。

赤目自然農塾の学びは、地主さんや地元の方に温かく見守っていただくなか、塾生の方々の自然農への深い思いによって運ばれ、川口さんとそれを支えるスタッフの方々の力によって進められてきました。法人化や組織化することなく、自主独立を基本とし、他に依存することなく運営されてきました。また、会費も徴収することなく、それぞれの思いに任せ、教える者は自らのこととして教え、手伝う者も自らのこととして手伝うなかで今日まで学びを重ねてくることができました。

川口さんは、「学びにくる人がいる間は、塾として最善に機能し、学びにくる人がいなくなれば、いつでも塾をやめることのできるように」と話しています。よけいなことをしない、よけいなものをつくらないで、必要なことだけをおこない、他に依存しないことを赤目自然農塾での基本のあり方としています。

＊

１９９１年3月に始まり、多くの方に自然農の理とその方法技術をお伝えしてきました赤目自然農塾も、２０１３年6月、世代交代の時機を迎えようとしています。これまで積み重ねてきた学びを引き継いで、さらに確かな学びを成就するべく、成長を重ねていきます。

◆自然農学びの場 インフォメーション

＊福岡県では４か所が福岡自然農塾（鏡山悦子）を編成　２０２０年８月現在（一部、改訂）

学びの場　名称	郵便番号	住　所	氏　名	電話番号
妙なる畑の会・全国実践者の集い		（妙なる畑の会代表）（問い合わせ） 沖津一陽・高橋浩昭	沖津　一陽 高橋　浩昭	０８８３-３６-４８３０ ０５５-９４２-３３３７
やえはた自然農園	０２８-３１４２	岩手県花巻市石鳥谷町八重畑９-20-５	藤根　正悦	０１９８-４６-９６０６
丸森かたくり農園	９８１-２４０１	宮城県伊具郡丸森町小斉一ノ迫56	北村　みどり	０２２４-７８-１９１６
農暮学校（つぶら農園）	９８１-２１０５	宮城県伊具郡丸森町舘矢間松掛字新宮田14	安部　信次	０２２４-７２-６３９９
自然農を学ぶ会つくば	３０５-００７１	茨城県つくば市稲岡４９５-32	中田　隆夫	０２９-８３６-３７７２
食養庵．陽（ひかり）	３１９-２２２１	茨城県常陸大宮市八田１１３９-３	斎藤　陽子	０２９５-５２-３７０３
さいたま丸ヶ崎自然農の会	３３７-０００１	埼玉県さいたま市見沼区丸ヶ崎１８５６	山本　壮一	０９０-４３８７-０３５０
千葉自然農の会	２９９-１９０６	千葉県安房郡鋸南町横根２１７-２	米山　美穂	０４７０-５５-９０５７
四街道自然農の会	２８４-０００６	千葉県四街道市下志津新田２５３７-24	木川　正美	０４３-４２１-４７２８
青梅「畑の学校」	１９８-００４１	東京都青梅市勝沼２-３４１	鈴木　真紀	０４２８-７８-３１１７
よこはま自然農の郷・「遊山房」	２２４-０００１	神奈川県横浜市都筑区中川１-18-13-１０３	二宮　倫行	０４５-９１３-２７２５
結まーる自然農園 八ヶ岳自然農の会・学びの会	４０８-００２２	山梨県北杜市長坂町塚川６１１	三井　和夫	０５５１-３２-４７０５
野風草	４０８-００３５	山梨県北杜市長坂町夏秋９２２-６	舘野　昌也	０５５１-３２-３４７３
わくわく田んぼ	４０８-０３１７	山梨県北杜市白州町下教来石４８９	おおえ　わかこ	０５５１-３５-４１３９
八ヶ岳自然生活学校	３９９-０１０１	長野県諏訪郡富士見町境７３０８	黒岩　成雄　牧子	０２６６-６４-２８９３
長野自然農学びの場　四賀村	３９９-７４１７	長野県松本市刈谷原町６９２	松本　諦念	０２６３-６４-２７７６
あずみの自然農塾	３９９-８６０２	長野県北安曇郡池田町会染５５２-１ ゲストハウスシャンティクティ	臼井　健二	０２６１-６２-０６３８
富山自然農を学ぶ会	９３９-２４３３	富山市八尾町清水５２４	石黒　完二	０７６-４５８-１０３５（森）
八尾町大玉生学びの場	９３９-２４５５	富山市八尾町大玉生６５１	森　公明	０７６-４５８-１０３５
上市町塩谷学びの場	９３０-０４６７	富山県中新川郡上市町塩谷29	石田　淳悦	０７６-４７２-５６７７
砺波市頼成学びの場	９３２-０２１７	富山県南砺市本町４-29	磯辺　文雄	０７６３-８２-４２５７
不耕起自然農を学ぶ一歩の会	５０１-０６１９	岐阜県揖斐郡揖斐川町三輪８４８	木村　君子	０５８-５２２-３２２４
自然農園　綾草	５０５-００７１	岐阜県加茂郡坂祝町黒岩８５０	兼松　明子	０５７４-２６-９１３６
農楽友の会 自然農学びの場	５０５-０００３	岐阜県美濃加茂市山之上町３４３５-19	中山　千津子	０５７４-２５-６９０９
清沢塾	４２０-００３９	静岡市葵区上石町３-３１３	小長谷　建夫	０５４-２５３-１８２５

静岡自然農の会	410-0232	静岡県沼津市西浦河内601	高橋 浩昭	055-942-3337
	436-0074	静岡県掛川市葛川630-7	田中 透	0537-21-6122
かぎしっぽ農園〈休塾〉	441-1222	愛知県豊川市豊津町神ノ木222-9	伊藤 淳期	0533-93-0239
里の田 伊賀	518-0116	三重県伊賀市上神戸720	柴田 幸子	0595-37-0864
赤目自然農塾		三重県名張市・奈良県宇陀市　中村康博(https://akameshizennoujuku.jimdofree.com) (問い合わせ) 坂上 090-7601-7344　大田 0743-25-7823		
粟原自然農園	633-0245	奈良県宇陀市榛原笠間2163	中村 康博	0745-82-7532
生駒自然農園	630-0262	奈良県生駒市緑ヶ丘1454-39	大田 耕作	0743-25-7823
柏原自然農塾	582-0009	大阪府柏原市大正三丁目1-35	山本 利武	0729-72-0467
仰木自然農学びの会〈休塾〉	520-0533	滋賀県大津市朝日1-14-7	森谷 守	077-594-0652
梅の里 自然農園	645-0022	和歌山県日高郡みなべ町晩稲1451	勇惣 浩生	0739-74-2324
もみじの里自然農学びの場	656-0006	兵庫県洲本市中川原町二ツ石95	大植 久美	marumashinkyu@yahoo.co.jp
一陽自然農園	771-1613	徳島県阿波市市場町大俣字行峯207	沖津 一陽	0883-36-4830
愛媛自然農塾	791-8092	愛媛県松山市由良町919	山岡 亨	089-961-2123
自然農学びの会 岡山	701-0113	岡山県倉敷市栗坂108-3	八木 真由美	086-463-3676
大北農園 あまつちひとの集い	709-2551	岡山県加賀郡吉備中央町下土井701	大北 一哉	0867-35-1125
共生わくわく自然農園	712-8015	岡山県倉敷市連島町矢柄5877-11	難波 健志	086-444-5404
美作自然農を楽しむ会	709-3712	岡山県久米郡美咲町金堀562 賢治の楽交	前原 ひろみ	0868-66-2133
東広島自然農塾	739-0002	広島県東広島市西条町吉行1544	池崎 友恵	082-420-0080
大庭自然農の会	690-0015	島根県松江市上乃木4-21-12	周藤 久美枝	0852-21-0243
松国自然農塾	810-0033	福岡市中央区小笹2-8-47	村山 直通	090-7927-2726
一貴山自然農塾	819-1622	福岡県糸島市二丈一貴山560-13	鏡山 英二	092-325-0745
花畑自然農塾	810-0033	福岡市中央区小笹2-8-47	村山 直通	090-7927-2726
木下農園	819-1124	福岡県糸島市加布里839	木下 まり	092-323-6606
自然農園 こころ	880-1101	宮崎県東諸県郡国富町本庄4124	岩切 義明	0985-75-1015
結熊(ゆうゆう)自然農園 暮らしの学びの場 アルモンデ	861-0404	熊本県山鹿市菊鹿町上永野1744-1	こみどり わこ	0968-41-6264
綾自然農塾	880-1302	宮崎県東諸県郡綾町北俣2365-1	北條 直樹	0985-77-2008

『砂と土の実験』坂上有道著（北隆館）
『田んぼの営みと恵み』稲垣栄洋著（創森社）
『ゼロから理解するコメの基本』丸山清明監修（誠文堂新光社）
『栽培環境』角田公正、松崎昭夫、松本重男著（実教出版）
『農学基礎』角田公正、平井真一、久保田旺、松崎昭夫、塩谷哲夫著（実教出版）
『米で総合学習１　イネを育てる』（金の星社）
『米の研究』工楽善通監修（ポプラ社）

関東農政局　農を科学してみよう！
http://www.maff.go.jp/kanto/nouson/sekkei/kagaku/index.html

くぼたのたんぼ
http://www.tanbo-kubota.co.jp/sitemap/index.html

バケツ稲　バケツ稲の観察日記
http://homepage3.nifty.com/knmn/ine/ine000.htm

Meiji Seika　ファルマ株式会社　梅原博士の美味しい米作り講座
http://www.meiji-seika-pharma.co.jp/agriculture/lecture/

JA 全中 JA グループ　バケツ稲づくり事務局　バケツ稲づくり指導書
http://ja-dosanko.jp/education/rice/pdf/100318_02.pdf

みずみずしい地球を
http://www.water-kids.net/

水 web
http://www.secom-alpha.co.jp/mizuweb/index.html

竹下伸一　水にまつわるメモ一覧
http://www2t.biglobe.ne.jp/~bono/study/memo/index.htm

◆主な参考文献一覧

『自然農の野菜づくり』川口由一監修、高橋浩昭著（創森社）
『自然農の果物づくり』川口由一監修、三井和夫、勇惣浩生、延命寺鋭雄、柴田幸子著（創森社）
『妙なる畑に立ちて』川口由一著（野草社）
『誰でも簡単にできる！川口由一の自然農教室』川口由一監修、新井由己、鏡山悦子著（宝島社）
『いのちの営み田畑の営み』鏡山悦子著（南方新社）
「オピーピーカムーク」第７号　鏡山悦子著
『自然農への道』川口由一編、北村みどり、佐藤幸子、三井和夫、高橋浩昭、石黒完二、石黒文子、沖津一陽、松尾靖子、鏡山悦子著（創森社）
『日本の米』富山和子著（中央公論社）
『水の文化史』富山和子著（文藝春秋）
『お米は生きている』富山和子著（講談社）
『農業全書』宮崎安貞編録（岩波書店）
『伝統医学のこれから・第一巻』石原克己著（たにぐち書店）
『なぜ人は病気になるのか』上馬場和夫著（出帆新社）
『大いなる生命学』青山圭秀著（三五館）
『大江戸リサイクル事情』石川英輔著（講談社文庫）
『黄帝内経素問』南京中医学院編（東洋学術出版）
『スシュルタ本集』大地原誠玄訳（たにぐち書店）
『稲作大百科Ⅰ』（農文協）
『転作全書第一巻ムギ』（農文協）
『原色作物病虫害百科』（農文協）
『解剖図説イネの生長』星川清親著（農文協）
『イネの絵本』山本隆一編（農文協）
『ムギの絵本』吉田久編（農文協）
『ダイズの絵本』国分牧衛編（農文協）
『田んぼの学校入学編』文・宇根豊　絵・貝原浩（農文協）
『イネの生物学』高橋成人著（大月書店）

いのちの舞台を巡りゆく ～あとがきに代えて～

赤目自然農塾で、川口由一さんより学びを得てすでに16年が過ぎ去りました。そこで得た学びは、私たちの血肉となり、今日の私たちのいのちを形づくっています。

本書に記した自然農のお米づくり、いのちの理《ことわり》の基本は、川口さんからお教えいただいたものです。川口さんに学び、川口さんとともに生きるなかで知り得たことです。あるいは、私たちが持っているすべては、川口さんをはじめ、多くの先人からお教えいただき、学び得たことであります。

しかし、それらは、深遠ないのちの世界で、私たちが私たちなりに経験を重ねるなかで捉えたものですから、未熟な部分があるかもしれません。本書を手にされた皆様に、何か少しでもお役にたつことがありましたならば、望外の幸せです。

本書をまとめるにあたり、多くの方々のお世話になりました。

貴重な意見を提示してくださいました赤目自然農塾指導スタッフの中村康博さん、柴田幸子さん、岩住洋治さん。本書の立ち上げにかかわってくださいました澤井謙次さん。多くの力をいただきました赤目自然農塾の皆様、もみじの里自然農学びの場の皆様、さらに全国各地で自然農を実践されている皆様。このような機会を与えてくださいました創森社の相場博也さんをはじめとする編集・出版関係者の皆様。そして、私たちをはぐくみ、多くの導きを与え続けてくださいました川口由一先生……。道中に出逢った誰ひとりとして欠けていたならば、本書の成立はあり得ませんでした。

また、多くの先人のお教え、聖賢のお導きなしには、今日の私たちはあり得ませんでした。ご縁をいただきました皆様、目に見えないところでお力を貸してくださいました皆様に、深く感謝致します。

自然界の営みに添った自然農のお米づくり。人が人として、地球の上ですべてのいのちを尊重して生きていける生き方。私が私を肯定していけるあり方。他のいのちに問題を招かず、私の学び、私の役割を重ねていけるあり方。そのようなあり方があることが救いです。光明です。

ここに立つ時、私たちの明日は、大いなる安心の上に開かれています。しかし、私がつくりゆく私個人の道でさえ、決してひとりで歩める道ではありません。大いなるいのちの舞台の上で、草々虫たち、小鳥たち、大地のいのち、海のいのち、森のいのち、天空のいのちたちとも、一体となって生きる道です。

その意味では、ご縁ある皆様と、ともに学び、ともに祈り、ともに響きを上げながら、今日を刻み、明日を創り、ともに成長していきたいと願わずにはいられません。そして願わくば、このたびご縁をいただきました皆様とも……。

黄金色に輝く小麦畑にて

いのちに開かれた自然農の田んぼに立ち、数多《あまた》のいのちとともに、楽しく豊かな日々を重ね、確かな学びを重ね、意識の深化を重ね、大いなるいのちの舞台を巡りゆきたいと願います。

2013年 育ちゆく苗とともに　吉村 優男

・赤目自然農塾ＭＥＭＯ・

赤目自然農塾の開設は、1991年３月。三重県と奈良県の県境、室生赤目青山国定公園の山並みに囲まれた静かな山の棚田にあります。「耕さず、肥料・農薬を用いず、草々・虫たちを敵としない」ことを理《ことわり》の基本とし、自然の営みに添った農を実践しながら学ぶ「学びの場」として、開かれています。農とは無縁の都会の老若男女が自給自足や農のある暮らしの夢を抱き、日本の各地から学びにきています。実践を通した自然農の学びは、具体的な方法・技術を身につけながら、自然のこと、生命のこと、自分のことを明らかにして、誰もが安心してその生命を全うし、平和に生きることができるすべを学んでいきます。一粒の種がやがて彩り豊かに美しく実りゆくように、一人ひとりが次への一歩を見出していくための学びの場です。（赤目自然農塾への案内パンフレットより）

谷戸に広がる赤目自然農塾

デザイン——寺田有恒　ビレッジ・ハウス
イラストレーション——宍田利孝
撮影——三宅 岳
編纂協力——赤目自然農塾（中村康博　柴田幸子　岩住洋治）
澤井謙次　小島摩紀　余語三協　余語規子　中野信吾
高嶋伊織　高嶋直子　佐藤太平　佐藤美佳子　三宅康平
三宅幸江　岡本誠始　沖津一陽　佐藤敦巳　延命寺鋭雄
中村洋子　吉村幸子　ほか
写真協力——大植久美　柏木秀則　柴田弘義　三井和夫　ほか
校正——吉田 仁

監修者プロフィール

●川口由一（かわぐち よしかず）

1939年、奈良県生まれ。農薬・化学肥料を使った農業で心身を損ね、いのちの営みに添った農を模索し、1970年代半ばから自然農に取り組む。自然農と漢方医学をともに学ぶ場（妙なる畑の会、赤目自然農塾、漢方学習会）をつくり、福岡自然農塾などをはじめとする全国各地の学びの場に自然農の考え方、取り組み方を伝えている。愛媛大学農学部大学院非常勤講師などを務める。

主著に『妙なる畑に立ちて』（野草社）、『自然農―川口由一の世界』（共著、晩成書房）、『自然農への道』（編著、創森社）、『自然農～いのちの営み、田畑の営み～』（監修、南方新社）、『自然農の野菜づくり』『自然農の果物づくり』（ともに監修、創森社）、『自然農にいのち宿りて』（創森社）

著者プロフィール

●大植久美（おおうえ くみ）

1964年、兵庫県淡路島の兼業農家に生まれる。農薬・化学肥料・大型機械を用いない農に関心を持ち、1996年、赤目自然農塾に入塾。川口由一氏との出逢いを得て、自然農と漢方医学を学ぶ。仕事の傍ら、週末に自然農にたずさわる。妙なる畑の会全国実践者の集い世話役。赤目自然農塾指導スタッフを経て、2012年より淡路島にて、もみじの里自然農学びの場を開設。自然農を中心とした健やかで美しい生き方の学びを重ねる。

●吉村優男（よしむら まさお）

1974年、大阪府に生まれる。1997年、赤目自然農塾入塾。川口由一氏に師事し、自然農と漢方医術を学ぶ。大阪府河内長野市と淡路島にて自然農を実践。2012年より淡路島もみじの里自然農学びの場の設立に関わる。赤目自然農塾指導スタッフを経て、もみじの里自然農学びの場で指導にあたる。自然農の実践指導とともに、農を超えていのちの営みに添った生き方、医の在り方について研鑽を重ねる。鍼灸院Maruma SHINKYU代表。鍼灸師。

自然農《しぜんのう》の米《こめ》づくり

2013年7月9日　第1刷発行
2025年6月16日　第4刷発行

監修者――川口由一《かわぐちよしかず》
著　者――大植久美《おおうえくみ》　吉村優男《よしむらまさお》
発行者――相場博也
発行所――株式会社 創森社
〒162-0805 東京都新宿区矢来町96-4
TEL 03-5228-2270　FAX 03-5228-2410
https://www.soshinsha-pub.com
振替00160-7-770406
組　版――有限会社 天龍社
印刷製本――中央精版印刷株式会社

落丁・乱丁本はおとりかえします。定価は表紙カバーに表示してあります。
本書の一部あるいは全部を無断で複写、複製することは、法律で定められた場合を除き、著作権および出版社の権利の侵害となります。
©Yoshikazu Kawaguchi, Kumi Ohue and Masao Yoshimura
2013 Printed in Japan ISBN978-4-88340-281-6 C0061

〝食・農・環境・社会一般〟の本

https://www.soshinsha-pub.com

創森社 〒162-0805 東京都新宿区矢来町96-4
TEL 03-5228-2270 FAX 03-5228-2410
＊表示の本体価格に消費税が加わります

エコロジー炭暮らし術 炭文化研究所 編 A5判144頁1600円

図解 巣箱のつくり方かけ方 飯田知彦 著 A5判112頁1400円

分かち合う農業CSA 波夛野 豪・唐崎卓也 編著 A5判280頁 2200円

虫への祈り—虫塚・社寺巡礼 柏田雄三 著 四六判308頁2000円

新しい小農〜その歩み・営み・強み〜 小農学会 編著 A5判188頁2000円

無塩の養生食 境野米子 著 A5判120頁1300円

図解 よくわかるナシ栽培 川瀬信三 著 A5判184頁2000円

鉢で育てるブルーベリー 玉田孝人 著 A5判114頁1300円

日本ワインの夜明け〜葡萄酒造りを拓く〜 仲田道弘 著 A5判232頁2200円

自然農を生きる 沖津一陽 著 A5判248頁2000円

シャインマスカットの栽培技術 山田昌彦 編 A5判226頁2500円

農の同時代史 岸 康彦 著 四六判256頁2000円

ブドウ樹の生理と剪定方法 シカバック 著 B5判112頁2600円

食料・農業の深層と針路 鈴木宣弘 著 A5判184頁1800円

医・食・農は微生物が支える 幕内秀夫・姫野祐子 著 A5判164頁1600円

農の明日へ 山下惣一 著 四六判266頁1600円

ブドウの鉢植え栽培 大森直樹 編 A5判100頁1400円

食と農のつれづれ草 岸 康彦 著 四六判284頁1800円

半農半X〜これまで・これから〜 塩見直紀 ほか 編 A5判288頁2200円

醸造用ブドウ栽培の手引き 日本ブドウ・ワイン学会 監修 A5判206頁2400円

摘んで野草料理 金田初代 著 A5判132頁1300円

図解 よくわかるモモ栽培 富田 晃 著 A5判160頁2000円

自然栽培の手引き のと里山農業塾 監修 A5判262頁2200円

亜硫酸を使わないすばらしいワイン造り アルノ・イメレ 著 B5判234頁3800円

ユニバーサル農業〜京丸園の農業／福祉／経営〜 鈴木厚志 著 A5判160頁2000円

不耕起でよみがえる 岩澤信夫 著 A5判276頁2500円

ブルーベリー栽培の手引き 福田 俊 著 A5判148頁2000円

有機農業〜これまで・これから〜 小口広太 著 A5判210頁2000円

農的循環社会への道 篠原 孝 著 四六判328頁2200円

持続する日本型農業 篠原 孝 著 四六判292頁2000円

生産消費者が農をひらく 蔦谷栄一 著 A5判242頁2000円

有機農業ひとすじに 金子美登・金子友子 著 A5判360頁2400円

至福の焚き火料理 大森 博 著 A5判144頁1500円

図解 よくわかるカキ栽培 薬師寺 博 監修 A5判168頁2200円

あっぱれ炭火料理 炭文化研究所 編 A5判144頁1500円

ノウフク大全 髙草雄士 著 A5判188頁2200円

シャインマスカット栽培の手引き 薬師寺 博・小林和司 著 A5判148頁2300円

タケ・ササの育て方 内村悦三 著 A5判112頁1600円